想到明天
要上班就失眠

工作不必委屈，陪你決定人生下一步的共感對話

李河鏤 이하루 著

簡郁璇 譯

目錄

前言　　星期一終究還是來了・8

第一章

對發病原因心知肚明的不治之症

Chapter 1　星期一的公司很危險・16

Chapter 2　上班途中，拍下了災難電影的最後一幕・19

Chapter 3　微薄但可愛的薪水入帳的日子・26

Chapter 4　仗勢欺人就和壅塞的高速公路相似・34

Chapter 5　一天抵十天用的孤單星期一・38

Chapter 6　我也碰到了這種主管・45

Chapter 7　因為不想去公司，所以我去了醫院・51

Chapter 8　薪水本來就是挨罵費・56

Chapter 9　我們並不是玩具・61

第二章

氣呼呼，但同時又昂首自信

Chapter 1　離職後一年八個月，我經歷的四階段心理變化・68

Chapter 2　離職之後，金錢是更真實的事・74

Chapter 3　戀愛倦怠期和工作倦怠期的七大共同點・81

Chapter 4　情緒性的離職，變成明天的現實・86

Chapter 5　訪談「離職計畫通」的職場前輩・93

第三章

工作與人都想重置的星期一

Chapter 1　散漫的拳法，勝過強力一擊・102

Chapter 2　下班後，我想去無人島・107

Chapter 3　豪邁地擺脫「冤大頭」的命運・112

Chapter 4　畢竟拒絕很難・118

Chapter 5　星期日上班，就能緩解星期一症候群？・123

Chapter 6　從獨自吃飯獲得歸屬感・128

What's wrong?

第四章

乍看無謂，卻有利於職場生活的事

Chapter 1　無謂的問題也具有力量・136

Chapter 2　無謂的感動帶來的效果・143

Chapter 3　無謂髒話的副作用・148

Chapter 4　無謂行程的持續性・151

Chapter 5　無謂的懷疑，也有其必要性・155

第五章

不想去上班，所以去接受心理諮商

Chapter 1　我不OK・162

Chapter 2　逐漸與爸爸相似的女兒・167

Chapter 3　人們懷抱不安生活的素顏・173

Chapter 4　是啊，別笑了，就哭吧・179

Chapter 5　還沒體驗過不幸，就代表還沒獲得幸福・185

Chapter 6　自己走進諮商室後的實際心得・190

Chapter 7　家和萬事興？・195

結語　　　最終，週末也來了・200

星期一終究還是來了

＃星期日的夜晚
把衛生紙塞進嘴裡痛哭的原因

某個星期日的晚上，我在燈光熄滅的房間裡流下了如雞屎般大小的淚水。那是婚前我還寄生在父母家中的時候，也是我在家人百般勸阻之下，仍堅持「要辭職後去旅行」，最後把錢揮霍殆盡，再次回到公司認命上班的時期。假如身為窮光蛋的我哇哇大哭並且說出：「上班好累。」媽媽肯定會伸手朝我的背部來一記強力扣殺。我咬住了衛生紙，不，我

必須把衛生紙塞進嘴裡消音才行。可是啊，淚水這玩意、哽咽這玩意是沒有剎車的，一旦洩洪之後，就非得等到淚腺乾涸、鼻子堵塞、塞進嘴裡的衛生紙變成一團溼答答的紙泥，才會畫上休止符。呸呸呸，還以為只要哭過一場，心情就會輕鬆許多，我卻發現原來有些痛苦，是無法靠淚水與汗水釋放的。

當時我每天凌晨五點半起床，洗漱完畢，準備好出門是凌晨六點。被洶湧的人潮推進捷運後，再以擠沙丁魚的狀態前進，不知不覺就會發現自己抵達了公司。上午七點到公司之後，就要準備七點半開會。由晨型人的組長主導的這場會議，要從星期一開到星期五，每次是半小時。如果沒有什麼好報告的，就會變成「單純對話」。以團隊精神的名目、溝通的字眼、以成果為目的撐過的這段時間，往往導致每天必須延續到加班的工作效率低落。可是，沒有人把這個事實告訴組長，大家都只是默默苦撐著。

工作是一碼子事，人際關係又是另一碼子事。新任職的公司欺負新人的現象很嚴重，外表給人的印象要比實際性格更犀利的我，恰恰是最適合（？）被排擠的類型。工作環境也令人渾身不自在。好比說，工作內容唯獨沒有傳達給我；就連我都不知道，卻跟我有關的莫名情報傳得滿天飛；好不容

易才說出口的意見，也十之八九會被忽略。組長就更絕了，他忙著把繁重的業務塞給我，並觀察我的工作表現。雖然我從一位同事口中聽到：「只要度過這個過程，組長就會把你當成自己人。」但這句話卻沒有激發我太多戰鬥力，反而只令我身心俱疲。

更大的問題在於下班之後，我連父母稍微嘮叨一下也無法忍受。俗話說：「當下不還手，事後才找出氣筒」，而我則是把在公司承受的壓力發洩在人生中最珍貴的人身上。那是我生平第一次有「就連我也覺得自己糟透了」的念頭。

眼見赤字人生向我逼近，
   我無法放掉工作和彩券

儘管如此，我依然無法辭職不幹，因為我害怕有一天要面對赤字人生。根據二〇一九年統計廳公布的「國民移轉帳（National Transfer Accounts）」調查，韓國人的生命週期在「赤字－黑字－赤字」間往返。從出生起到二十六歲會維持赤字，從二十七歲到五十八歲會轉為黑字，接著從五十九歲開始就一直是赤字。二十七歲到五十八歲，這與普

通人在職場上勞動的時期有著密切關連，在公司上班的期間，必須靠著攢來的錢撐過逐漸走下坡的赤字人生。

在說遠不遠、說近不近的未來，赤字人生也在等待著我，我必須靠著剩下的二十年黑字期間，撐過之後的五十年。首先我必須每天按時去上班。我究竟是該從尚且活著的今天開始過幸福人生呢，還是應該選擇未來生死未卜的舒適人生呢？總之我先選擇了後者。既然過去都只追逐看得見的幸福，那麼剩下的人生就試著擔心看不見的未來吧。

但是，即便已經下定決心，還是會碰到意志力瓦解的時候。那天晚上就是如此。明明身體窩在蓬鬆軟綿的棉被裡，內心和腦袋卻已經坐在公司辦公桌前面猛扯頭髮。眼見自己的肉身和精神狀態一分為二，我忍不住懷疑自己會不會瘋掉，淚水也跟著模糊了我的視線。就這麼哭了好一會兒，腦中冷不防地閃過一個念頭——也許有種幸運叫做再也不用擔心星期一！沒錯，就是樂透。

呸呸呸，我吐出已經沾黏在上顎的衛生紙，從皮夾取出當成符咒般仔細收好的樂透彩券。呼——，我做了一次深呼吸後，沉著地打開紙張，並懷著祈禱的心情確認號碼，可是希望又落空了。短暫變得清晰的視野再度因淚水而模糊，但

這一次我再也不忍耐，而是直接放聲大哭了。就在此時，喀啦，房門打開了，是媽媽。我心想著我的背部又要遭殃了，但媽媽只是用溫柔的口吻問我發生了什麼事。

「樂，嗚，樂透，又沒中了，明、明天，又是星期一了！嗚。」

見我拚命忍著不哭出來，結結巴巴地回答，媽媽用很心疼的眼神看著我，接著以慢、慢、快、快的腳步向我走來，輕輕地拍撫我的背部。就在我感覺到媽媽的手要比平常更加溫暖之際，「啪」的一聲響起，這是媽媽毫不留情地朝身強體健、內心卻很柔弱的女兒的背部打下去的聲音。直到過了許久，強力扣殺的威力逐漸轉弱為投球程度，我才好不容易、好不容易進入了夢鄉。

厭倦了唉聲嘆氣，
  因此無論如何，我都想在工作上好好拚一次

　　甜姐兒就算孤單悲傷也不會哭泣，而我就算煎熬痛苦，也依然會硬著頭皮去上班。大半夜被媽媽說沒出息，背部被狠

狠巴了一下的事，至今已過了六年。在這段時間，我是否有了些許改變呢？我依然在星期日的晚上感到有些憂鬱，星期一的早晨感到微微低潮。至今在工作時仍會因為情緒湧上而忍不住落淚，偶爾也會發脾氣說要辭職不幹，但現在我明白了，就算我再怎麼輾轉難眠、煎熬痛苦，終究都無法避開星期一。反正幾小時後，還是得回到公司。

　　這本書所寫的，是如今已經厭倦唉聲嘆氣說好累，但即便如此又不能說不幹就不幹，也就是說，雖然我領悟了必須求溫飽的意義，但仍需要尋找「工作意義」的故事。過去我曾讀過一篇研究指出，吃播並非減重的毒藥，反而會帶來益處，我希望星期一症候群也會是如此。但願我掙扎著要在職場上有一番作為的故事，能幫助正在讀這本書的你減少幾個輾轉難眠的週日夜晚。

李河鏤 筆

第一章

對發病原因
心知肚明
的**不治之症**

Chapter 1

星期一的
公司很危險

 星期一很危險

　　準確地來說，是指到公司上班的星期一很危險。我說的並不是個人抽象或形而上的感覺，這是經過證明的事實。以下內容是擷取自我偶然看到的部分新聞，建議大家慢慢閱讀、細細吟味。

　　根據日本愛知縣朝日產災醫院所進行的研究調查，由心肌梗塞或腦中風等心血管疾病造成的意外，特別容易發生在星期一上午。

（……）

　　木村院長建議，為了避免心血管疾病引發事故發生，星期一最好盡可能帶著悠閒的心情慢慢工作。他同時強調，尤其要避免在星期一上午匆匆忙忙地處理延宕的工作，造成壓力。

　　──〈星期一早晨的心血管疾病風險高〉，秋鉉宇，經濟日報，二○一八年四月二十二日。

　　就是這樣，這並不單純「只是」我們上班族不想上班而已，而是我們以敏感的直覺偵測到「危險」。星期天晚上心情憂鬱的原因，每個星期天夜不成眠的原因，每個星期一早晨神經兮兮的原因，一切其來有自。當隱約的預感以事實之姿被揭開的瞬間，我總會感到渾身不舒服。

　　都已經證明星期一這麼危險了，但預防與治療的方法卻依舊只有陳腔濫調。該死的壓力，建議大家不要在公司有壓力，不就等於叫大家辭職不幹嗎？況且他又沒有要替我在這個被金錢蒙蔽雙眼的世界求得謀生餬口的工作。

　　「別感到有壓力，週末時充分休息，星期天請早點就寢。」

以前經常去看的醫生總會開這種處方給我。患了胃炎、患了腸炎，還有最後為了帶狀皰疹去找醫生治療時，他的嘴上依然掛著壓力和睡眠。如果只是一兩次，那還說得過去，但就連我第三次去看病，見到醫生依然如鸚鵡般反覆說相同的話時，我真恨不得一把揪住他的領口質問：

　　「如果你沒別的話好說，你就說是不治之症吧！」

　　但直到最後，我的雙手依然安分地放在膝蓋上頭，因為醫生的氣色看起來要比身為患者的我更差。那天也是星期一，因為流感爆發的緣故，醫院內全是等候看診的病人。領完處方箋走出來的我，不禁憂心起醫生的心血管。

❤ 整理今天的心情

　　星期一就是這麼危險，
　　連患者都開始擔憂起醫生。

Chapter 2

上班途中，
拍下了災難電影的最後一幕

「司機先生！我們現在很危險，對吧？」

令人吃驚的是，最先大呼小叫的人，竟是坐在我隔壁的男人。打從我上公車開始，他就一直處於熟睡狀態，即便窗外的雨柱淅瀝嘩啦地下個不停，他也依然文風不動。可是，就在前往舍堂站的公車在被水淹沒的南泰嶺路停下之際，他卻猛然站了起來，就像個驚險萬分地掛在懸崖上的人似的。

在他開口之前，乘客們早已紛紛垮著臉，俯視車窗外的狀態，聽到男人激昂的高喊聲後，臉上的表情也從擔憂轉為恐懼。

這件事已經過了七年，但它卻像令人印象深刻的電影，每一幕都彷彿歷歷在目。那天去上班的旅程就是這麼開始的……

當時暴雨淹沒了舍堂洞與方背洞，而眾所皆知，舍堂洞是一個讓上班族又愛又恨的轉乘區。二號線、四號線再加上多線公車，許多人必須想盡一切辦法通過這裡，才有辦法上下班。而我，也是其中一人。從我居住的社區到公司所在的宣陵站，必須先搭公車到舍堂站，可是那天公車在抵達捷運站之前就已經徹底停擺。在逐漸往上淹的洪水和雨勢的夾攻之下，公車完全無法前進，否則司機先生也不會以投降之姿從駕駛座站起身。

所有乘客都拿出了手機。喀嚓喀嚓，即便在這種情況下，仍有人為了得到「讚」而拍照上傳到SNS，有人則像是在和親朋好友作最後的告別似的，一邊喊著老公、老婆、媽媽、親愛的，一邊說我該怎麼辦。還有人確認即時新聞，懷疑公車是否真的無法前進。然而，多數乘客拿著手機說的話卻讓人吃驚。

「部長，因為暴雨的緣故，公車整個泡在水中了。」
「代理，我好像會遲到。」

「金次長，把今天的會議時間往後延吧。」

天災在前，大家依然把上班的事擺在第一位，而我也不例外。

「前輩，因為天災，不對，還是自然災害，總之我因為不可抗力的因素，九點前到不了公司。真的很抱歉，我保證以後再也不會發生這種情況。」

擔心眼前的情況都來不及了，我甚至還得為此道歉。

在左右為難的情況下，隔壁男子甚至說出：「您打算就這樣放棄乘客嗎？」來質疑司機先生的職業精神，不過多數乘客並沒有隨著他的抗議起舞。這也難怪，眼前就能看到捷運站，如果天氣好的話，是步行到舍堂站剛剛好的距離。這時，有人大喊：

「捷運二號線和四號線好像有正常行駛。」

命運是由自己開創的，這正是行動要比說話更快的緊要時刻。我擠進了連忙趕著下車的乘客之間，豆大的雨滴在風勢的助攻之下更具攻擊性。我雖然花了兩秒鐘後悔沒穿雨鞋出門，但另一方面則是感謝上天，還好那天穿出門的涼鞋不是真皮，而是廉價的人造皮產品。

我縱身跳到人行道的磚塊上，水的高度已經淹到了腳踝。我費力地打開了三段式折疊傘，但根本無法抵擋來勢洶洶的滂沱大雨。皮包和肩膀瞬間濕透，地上的泥水湍流與我前進的方向相反，我就像逆游而上的鮭魚般，吃力地跨出一步又一步。舍堂站越來越近了，但另一方面水也越來越深，已經淹到小腿的高度。這時我才開始觀察周圍，一起跳下車的人們臉上彷彿寫著：「不該這麼早就下車的」，但即便後悔也無法回頭了，只能硬著頭皮往前進。

默默地往前走著，捷運站也越來越近，可是我卻看到率先抵達的人茫然若失的背影。我心想著不知發生什麼事了，快步趨前，但在看到捷運出口後，整個人差點跌坐在地上，把屁股泡在泥水之中。走進捷運站的出口被堵住了，而且還加上了「禁止出入」的標示。就在我帶著怨懟的眼神望著逐漸遠去的公車之際，一位中年女人大喊：

「大家從另一頭的入口進去耶。」

我順著她的聲音往對面一看，大家果真從入口處往下走進了捷運站。只要過了馬路，就是走進舍堂站的門了，但問題在於馬路。雖然平常車水馬龍的路面因浸水而顯得冷清，但水看起來很深，而且水流速度也很快。

先驅者無所不在，儘管這次我打算經過深思熟慮再做出決定，但是見到一名男人毫無所懼地跳進路面之後，大家彷彿骨牌般接二連三地跟上。一如往常，這次我也被牽著走了。就在我評估自己後悔的程度之際，雙腳已經踩進了路面。我又不是身在亞馬遜，究竟為什麼要在首爾的市中心做這種事？就在千頭萬緒導致我心亂如麻的時候，我已經來到了馬路的中央。把後悔二字收起來吧，我別無選擇，只能走到底。

剛過中間點，水勢變強了，要是我跌倒了該怎麼辦？說不定全身都會被泥水包圍的恐懼感油然而生。就在這時，有人朝我伸出了援手。真是太令人感激了。我看了一下伸出手的人，又是那個男人——就是在公車上睡到一半醒來，接著大鬧一場的隔壁男子。果然人不可貌相。我一把抓住了他的手，然後把另一隻手伸向了後頭的女子，而抓住我的手的女子，也同樣握住了後頭的阿姨的手腕。牽起來的手，如骨牌般延續下去，也多虧於此，大家才能安全地跨越馬路。還有比這更溫馨感人的時刻嗎？總是痛苦不堪的上班路上，竟然和這麼多人共患難，雖然與這個時間地點很不搭，但當下真的亂感動一把的。

假如這是電影，我和那位伸出援手的男子應該會因此牽起緣分，變成男女朋友，但那個地方卻是不折不扣的現實。男子一渡過「江」之後，就立刻甩掉我的手，朝捷運站入口往下衝，而我也一樣。幸好男子搭的是四號線，而我則是轉過身去搭二號線。幸好沒有演變成我追逐男子的場面，真的是謝天謝地。

「對不起、對不起、對不起、對不起、對不起、對不起。」

拍了部電影、刷了悠遊卡、抵達公司、刷了員工證，我的雙腳終於踩在辦公室的地板上了。時間老早過了十點，但為什麼會這樣呢？除了我之後，大家都已經來上班了。

我按著小組成員數重複說了好幾次「對不起」，坐在自己座位上。我整個人狼狽不堪地來到公司，卻沒人問我發生了什麼事。放下皮包的同時，我打開了筆記型電腦，整個人暈頭轉向，內心則感到無限委屈。通常一部電影的片長為一百二十分鐘，但今天我拍的災難片有一百八十分鐘。可是，有別於電影中主角倖存下來的美好結局，現實中的我迎來的卻是悲傷的結局——因為我必須加班。

我無意立刻投入工作，只先大致準備好就往洗手間去了。就連大腿都被泥水弄得烏漆抹黑的。我確認清掃阿姨不在之後，把腿伸到洗手台上清洗，有如天空般灰撲撲的水從腿上流了下來。可是，卻怎樣都不見肥皂的蹤影。到下班之前，我肯定會整天都感到不舒服。再加上工作又多了一項——清洗因為我的腿而變得髒亂不堪的洗手台。

♥ 整理今天的心情

描寫刺激萬分的成功事蹟時，

電影的前半部總是危機重重，

主角做的每件事都會帶來挫折和失敗，

但到了中後半部時，便會出現一絲生機。

我很好奇，究竟我的職場生活，

會反覆播放電影的前半部到什麼時候。

Chapter 3

微薄但可愛的
薪水入帳的日子

 「十號了，薪水入帳了。」

一如往常，存摺上印著小巧玲瓏的可愛數字。一想起公司，便猶如刺蝟般豎起尖刺的心情，也稍微變得圓滑一些了。雖然希望這種心情可以維持一整天，但……

信用卡費噠哩哩～
保險費噠哩哩～
手機費噠哩哩～

是有裝什麼「薪水偵測器」嗎？從公司領到的錢，以迅雷不及掩耳的速度跑到了其他公司。從這時開始，我又開

始繃緊神經。噠哩哩，每次感覺到震動聲時，我就會狠狠地瞪著無辜的手機。

其實即便是發薪日也沒什麼不同，今天也是吃公司附近的「媽媽家常菜」。如果要論究一天中最講求CP值的時間，那就是在公司的時候。

真不曉得我為什麼這麼捨不得在工作時間花錢。也因為這樣，我對於用六千塊韓元就能盡情吃到飽的「媽媽家常菜」充滿感激之情。相較於價格，菜單非常出色，烤牛肉和糖醋肉、辣炒豬肉和炸雞、燉雞和醬牛肉兩兩一組是基本，扣除湯之外，配菜就有六種，米飯可以選擇白米和黑米，也有準備當甜品的養樂多。可是這家餐廳不是從一開始就這樣，過去它就只根據價格供應不多也不少的菜色，有時則稍嫌不足。儘管如此，因為附近的餐廳都貴得嚇人，而且又難吃，所以這家總是門庭若市。多虧於此，老闆娘總說自己很幸福。

這家店開始轉型，是從隔壁有「岳母飯桌」進駐開始。同時有兩家差不多的餐廳並列，因此客人也被分成一半，而且「岳母飯桌」還不收手續費。在「媽媽家常菜」，如果是用信用卡結帳，就會加上百分之十的手續費，對這點有所不滿的人因此跑去光顧「岳母飯桌」。「媽媽家常菜」的老闆

決定和隔壁來場正面對決，肉的菜單增加為兩種，甚至有時肉和魚類還會同時登場，於是它搖身變成了就算多付百分之十，也就是六百韓元，卻能讓人心滿意足的餐廳。「媽媽家常菜」漂亮地奪下了勝利之旗。

可是，即便客人絡繹不絕，老闆娘的臉色卻越來越暗沉。我忍不住想像，也許她正處於與我相似的情況——錢是進來了，卻什麼也沒留下，所以不免悲從中來的情況。我懷著不捨的眼神望著老闆，走進了餐廳，可是今天的菜單卻格外寒酸。肉類居然只有一種，怎麼會這樣！方才還覺得我們同病相憐的念頭頓時消失得無影無蹤，我差點就脫口說出：「如果每次都這樣，我就頭也不回地去隔壁光顧了！」身旁的恩珠似乎看穿了我的心思，替我大聲說出了心聲：

「老闆現在大概是覺得已經完全打倒岳母飯桌了吧。」

我懷著欣慰的心情正打算接話，這時正錫開口嗆聲：「哎呀，不是才六千元嘛，還有哪裡可以用六千元吃到炸雞啊？」

說的是沒錯，但冷掉的炸雞並不怎麼令人開心。總覺得只論價格就感到滿足，是對市場經濟的一種屈服，如果要這樣

算，我的勞動價值也變得和冷掉的炸雞差不多了。從公司的立場來看，我的勞動力也不過是CP值高的炸雞罷了。

「我現在變成乞丐了。」

這次是在賢。他的嘴唇上沾滿了冷掉雞腿的油漬，口中則吐出了驚人之語。他怎麼會變成乞丐？

「我這次買了房子，現在真的要過乞丐生活了。」

聽到他的話後，我原本打算回嘴說：「那我這個乞丐也不輸你」，但最後還是忍住了。房價一飛衝天，但薪水上升的曲線卻呈遲緩，在我下定決心要買房時，房價剛好來到最高點。全稅的時代已經過去，在一切動盪不安的情況下，我做了生平最昂貴的一次消費。不靠分期付款，而是靠銀行貸款所買下的房子既不屬於我，也不屬於你。

噠哩哩～
○○信用卡支付三萬元。

吃飯的期間，錢溜到信用卡公司那邊去了，上個月購買的移動式收納櫃，則完全變成了「我的」。

「要喝杯咖啡嗎？」

用完餐後，大家全跑來咖啡廳。雖然辦公室也有咖啡，但今天大家似乎想花錢買一杯來喝。嗯，這點小小的奢侈算不了什麼。

「要不要去這家？」

大家嘻嘻哈哈地來到了咖啡廳前面，可是卻遲疑了。雖然想花錢換得好心情，可是腦袋中卻開始精打細算。花了六千元狼吞虎嚥地飽足一餐，現在卻要靠六千元的咖啡來換取好心情？遲疑的我們將腳步轉向了漂亮咖啡廳對面老舊建物的地下室。只要再多走幾步，少一點陽光的洗禮，美式咖啡就只要一千五百元，拿鐵則是兩千元。小小的奢侈變成了迷你型奢侈。

「可是，加班費怪怪的，好像都是看他們想給多少就給多少。」

手上握著一杯拿鐵的美善提出了加班費陰謀論。我仔細回想了一下，之前好像曾經比平常加了更多班，週末也到公司報到，可是金額卻比其他月份少。記得在我問過總務組後不

久，就收到了額外的款項。當時明明說是失誤，可是這好像不只發生在我身上。如果是有意為之，當然得追究了，畢竟對於就連買咖啡都無法逃離半地下室的人來說，幾萬元這個金額非同小可。美善說會代表大家去向公司確認，而下午一點，午餐時間也結束了。

「嗨，我在打折喔。」

工作時一直無法集中。從螢幕角落探出頭來的廣告，就像打地鼠遊戲般，不管關掉多少次，還是會持續跳出來。我並不相信「砍了十次之後，沒有樹木不會倒」這句話，但這個情況卻是例外。要是廣告探出頭來十次，總會有一次失手。再這樣下去就要加班了，時間就是金錢，我必須速戰速決。

「老公，我轉帳了。」

我把從公司領來，又被其他公司奪走，最後只剩皮包骨的薪水轉給了老公。反正錢都是老公在管的。只要先把回家的路上要轉的錢先處理好，就能早點下班。既然手頭上沒有錢，就算有如地鼠遊戲般的廣告來妨礙我，工作依然能加速前進。

「好歹今天是發薪日，要不要在外面吃飯？」

傍晚六點，老公傳來了訊息，我也因此陷入天人交戰之中。在外面吃飯既美味又簡便，但老公和我都是食物鬥士，不管吃什麼都是從三人份起跳。如果是去烤肉店，從三人份的肉盤開始，直到掃光冷麵和大醬湯之後，我們才會起身。我們必須做好要花掉至少五萬元的覺悟。碰到這種時候，我就會想起每個月繳納的五萬元年金。是要用肉片填飽當下的肚子呢，還是要在老年時自在地吃肉呢？我不由得認真思索起來。

「還是我買肉回家，在家裡吃吧。」

我把外食的機會讓給了未來。為了能在上了年紀之後讓別人多替我烤一次肉，今天我決定親自烤肉來吃。下班後，我走進了鄰近的肉舖，今天身穿西裝來買肉的客人特別多。

「五花肉一斤一萬六千元嗎？」
「今天價格變貴了一點。」

為什麼偏偏在發薪日變成「鑲金」的五花肉？肉片已經被切成好幾段，裝進了塑膠袋。早知道就買半斤了。我真不想表現得這麼窮酸。我把信用卡交給肉舖的老闆，小聲地說道：

「能不能再多給我一包涼拌蔥絲？」

因為買菜錢縮水了，我不知道自己到底有沒有賺到，但我很肯定把多拿回的一包蔥放進泡菜鍋後，湯頭會變得更加濃郁。

「老公，我跟你說，以前我最喜歡的就是發薪日，但最近發薪日最令我害怕。因為不知道從什麼時候開始，我覺得自己被少到可憐的薪水控制了。」

那天晚上，我把一整天發生的事告訴丈夫，但沒有聽到任何回答。老公和我一起開開心心地分著吃一斤五花肉，之後率先進入了夢鄉。不管是他還是我，過了這個夜晚，都會再次回到公司上班，同時癡癡等候著下個月的薪水。

曾經，成就感要比金錢來得珍貴。透過工作與他人競爭、獲得成長、彷彿自己變得完整的錯覺令我彷彿置身雲端，但現在卻只剩下「薪水」了。一整個月拚死拚活工作獲得的成就感，無法替我買到三萬元的移動式收納櫃。

♥ 整理今天的心情

小巧玲瓏，剛好只夠維生的月薪是我必須上班的理由。
雖然很哀傷，但眼下的情況即是如此。

Chapter 4

仗勢欺人就和
壅塞的高速公路相似

 「我想來想去，都覺得他們精神有問題。」

　　感到彆扭的秀珍打破了沉默。呵呵呵，大家都露出了尷尬的笑容，但還是避免不了氣氛急速冷卻。這是發生在上星期四的事情，因為有個趕著要進行的專案，我被總公司負責人緊急叫去參加會議。從好幾週之前，這種事就已經不計其數，也有很多組員連星期日都得來上班。我帶著說有多臭就有多臭的表情走進會議室，果然如我所料。

　　「麻煩妳下星期一早上完成。」

　　又來了，最少需要一星期的工作，卻要我在一兩天內做完，不然就是在連假前一天派工作給我，要求我在連假回來上班的那天繳交。這種情況層出不窮，根本是把我們組員當成了機器。

「妳逼得這麼緊，大家都覺得很累呢。」

忍無可忍的組長開口說了一句。按照他平常好好先生的性格，講出這種話已經算是在發飆了，可惜用水做成的拳頭終究是水，雞蛋也依然只是雞蛋，當然不可能管用，反而我們又從秀貞的口中聽到「更不好的消息」。

「最近公司的氣氛就是這樣，上面的人說，必要時，就算是週末也得工作。」

她說的「上面的人」是誰？是代理、科長、次長、組長、部長、常務，還是專務？如果都不是，那會是公司代表嗎？在我追查犯人的同時，突然發現「上面的人」還真多啊。他們竟然都在我的上面，那麼我腳下踩的地面究竟是地下幾公尺？

「究竟最前面的車輛在做什麼啊？」

我和老公還在戀愛時，有次曾去江原道旅行，因為恰好碰上了夏日休假季節，所以即便是平日也在車陣中塞了許久，結果老公開玩笑地說了這句話。當時我們笑了好久，可是後來卻真的很好奇，最前面的車子到底在做什麼，怎麼連沒有紅綠燈的高速公路都塞成這樣？可是，最前面的車子會是在哪兒呢？

沒頭沒腦的好奇心發作後，我靠著簡單的網路搜尋輕鬆解決了疑惑。高速公路停滯不前的原因，除了車禍和道路施工之外可分成三大類。

　　第一，因為車道數突然縮減的瓶頸現象，車輛速度也跟著變慢；第二，有人突然變換車道和超車，導致其他駕駛緊急踩剎車。最後第三項，是剎車所帶來的蝴蝶效應。因為有幾台車踩了剎車，導致有如香腸般一串又一串的車輛也跟著踩剎車。

　　工作系統亂七八糟，離職者眾的公司究竟有什麼問題呢？我可以料想得到，大部分的問題點都和高速公路壅塞的原因差不多。就像碰到路面變窄時，速度就會減緩，面對越高層的主管，就越難開口說自己辦不到。還有就跟碰到有人變換車道和超車，所以必須踩剎車的現象相同，基於各種不同的原因，必須在工作上踩剎車的主管也與日俱增。最關鍵的是，假如公司代表搞砸已經定局的事，那麼所有員工就會猶如蝴蝶效應般陷入混亂之中。在這個節骨眼上，在最底層工作的員工，還有以不穩定的僱傭形式工作的員工，就必須承擔難以負荷的工作量。所以說，工作不能靠下級報告、上級決定，而應該邊溝通邊推動才對。

「我想要充滿自信地工作，可是每次都只能這樣卑躬屈膝，所以覺得好累、好灰心。」

定睛一瞧，最近從約聘轉為正職員工的秀珍看起來一點都不開心，但我卻莫名能體會她的心情。畢竟過去就已經夠認真工作了，可是情況卻是每況愈下，泥漿也越陷越深。我不禁想，她一定很辛苦，不過還是要說清楚，工作時比較可憐的人還是我。

一想到當天加班到凌晨，接著又在凌晨出門上班，還有把週末工作視為理所當然的「上面的人」，直到現在我的憤怒指數和血壓仍會一起飆升。

♥ 整理今天的心情

在高速公路最前面開車的人知道嗎？
看似跟著自己後頭的眾多駕駛，
都紛紛在尋找能夠脫逃的岔路。

Chapter 5

一天抵十天用的
孤單星期一

 「顧客，您好。」

我曾在一家通訊公司負責撰寫客服的腳本。硬要解釋的話，就是我必須寫出符合商品與詢問事項相符的腳本，讓客服能為顧客提供優質的服務。好的，到這裡是我「對外的」工作內容。

事實上，這個腳本的目的有二，一半是提高顧客滿意度，一半是為了推銷商品。舉例來說就像這樣：

客服 （親切有禮）好的，顧客，已經依照您的要求變更了。

顧客 好的，謝……

客服	（迅速）不過顧客！我確認了一下，我們為長期顧客，也就是VIP提供了許多優惠呢，您之前都沒使用過嗎？
顧客	（感到好奇）VIP優惠？
客服	（就是現在！）是的，我們公司為長期客戶提供了半價優惠的頂級服務商品，只到這個月底。
顧客	（是喔，還以為是什麼）喔，好，沒關係。
客服	（等一下！）連同家人優惠在內，能以比現在更優惠的費率使用頂級服務喔。
顧客	（真的假的？）比現在更優惠嗎？

一言以蔽之，腳本就是引導洽詢的顧客另外添購商品或升級服務。但我們先不要覺得自己被騙了，因為有時方案真的超划算。撰寫這種腳本之前，必須依性別、年齡層和地區等去細分。

我記得做這份工作的時候，就讀了很多跟管理與心理學相關的書籍，但以理論為基礎所製作的腳本，碰上實戰卻有很多不管用的時候，因此，我必須進行監控。監控指的就是確認客服有沒有依照腳本的指示引導顧客，檢討腳本設計有沒有錯誤或需要追加內容。

客服是實況演出，絕對不會按照設計好的腳本來演。除了突然發飆的顧客、拒絕繁瑣程序的顧客、緊抓著某件事不斷抱怨的顧客等，還會發生無數的突發狀況。有位客服就曾在節目上說，記得有位顧客跟她說：「姊姊，我中頭彩了！」沒錯，這個職業似乎就是因為看不到彼此的臉，才更容易遇見各式各樣的人。

那天下了暴雪，我做了踩著星期日晚上累積的厚雪去上班的惡夢。起床之後，夢境變成了現實，我的雙腳踏在滑不溜丟的路面上，有時還得用手腳並用爬行到公司。那天我必須全天候監控通話音檔，驗證一個月前寫的腳本被實際應用到什麼程度。

通常我會用這樣的方式選擇要監控的通話音檔。我會在根據商品和詢問事項分類的無數代碼中搜尋使用該腳本的代碼，接著這些代碼會如整理EXCEL檔案般按照日期分好。按下日期後，通話目錄就會依照最新的時間排列。

從這裡開始就得碰運氣了，要聽哪個音檔，取決於我的手和滑鼠。我通常會選擇通話時間不長也不短、大約二十分鐘的客服音檔。

那是個令人疲憊的星期一，我接連聽了許多個客服音檔，就連平常會覺得興致盎然的對話也難以集中精神。危機出現在第十通電話。不知道是因為剛吃完午餐回來，還是客服的內容完全都依照腳本走，總之睏意排山倒海而來，我總共重聽了三次。我站在公司的屋頂上吹著冷風，甩了自己一個耳光——拜、託、別、搞、到、加、班。

　我回到座位上，點開第十一個檔案，是客服跟一個因為搬家必須申請移機的中年男子在上午通話的內容。客服完成移機申請後，與顧客又多聊了幾分鐘。因為事隔多時，我不記得準確的內容，但對話大致是這樣：

客服　已經替您申請網路移機作業了。

顧客　（充滿睏意的聲音）好，我知道了……

客服　（就趁現在）不過，顧客，您為什麼不看電視呢？畢竟您長期以來都使用我們的電信服務，應該也有很多優惠……

顧客　（果斷）不用了。

客服　即便是基本服務，也有許多運動和電影頻道……

顧客　（不耐煩）我工作到凌晨才下班，現在有點累了。

客服　那麼，我下午再打電話給您好嗎？

顧客　呼，我現在是一個人住。

客服　什麼？

顧客　（壓抑怒氣）我被公司炒魷魚，和妻兒分隔兩地，現在因為工作的關係，作息日夜顛倒，沒有時間看電視。

我以為通話會到此結束，可是接下來的對話卻讓我瞬間清醒過來。

客服　顧客，老實說，我也不看電視。

顧客　（慌張）嘎？

客服　我原本的工作做得不順利，打算結婚的女友也分手了，現在是一個人住，我也不太看電視，因為聽到嘈雜的說話聲，就會覺得好像只有我是孤單一人。生活得越認真，就越覺得寂寞呢。

顧客　（趨於緩和的語氣）是、是啊。

客服　（笑）通常星期一都會對顧客說：「祝您有個美好的一週」，我也想對您說聲加油，但說出來好像會很失禮，所以無謂的話就說到這了，抱歉。

顧客　別、別這麼說。

客服　請您要加油，希望往後您能事事順心。

顧客 那、那個，你也加油，還有，人只要認真打拚，本來就會變得寂寞。現在想想，這點最令我後悔，就是只顧著認真打拚。

那天客服和顧客的對話就到此結束了。當顧客說：「以後工作順利的話，我會向你們申請電視服務」時，客服也很高興地說：「到時我也會盡全力為您提供優惠」。在一來一往的真心之中，好處又被公司占走了，因為基本的客戶變成了忠實客戶。

認真打拚，如果只顧著認真打拚，就會變得寂寞。明明去辦公室上班時會碰到許多人，碰上經濟不景氣時仍有工作，下班後有家可回，家裡也有人在，但我們依然感到寂寞。碰到必須努力加把勁的星期一時，就更寂寞了。

所以我想，星期一應該是最需要勇氣的一天吧。需要在工作與生活之間畫出界線的勇氣，認可自己原來樣子的勇氣，為自己打氣的勇氣，以及即便認真打拚，也會感到寂寞的勇氣。

不久前，電影《獵殺星期一（What Happened to Monday?）》曾登上入口網站的熱搜排行榜。這部電影的主

角是分別以星期一至星期日命名的七姊妹，而故事就在星期一消失的同時展開。雖然我已經看過兩次左右，劇情都知道了，但我仍忍不住帶著「星期一會不會真的消失了？」的期待，點下了關鍵搜尋字。

♥ **整理今天的心情**

即便是在電影中，

七胞胎中的星期一也是最寂寞的一個，

看來這是星期一躲不掉的命運吧。

Chapter 6

我也碰到了這種主管

 我就知道會有這麼一天。

總有一天，我可能會和比我年輕的主管工作，但原本只是想像的情景，卻冷不防地變成了現實。

去年秋天，全公司上下人心惶惶，我任職的小組已經是第四次有組長提出辭呈了。第三個組長和第四個組長都沒有撐過三個月，而這都要歸咎於公司勸退的緣故。在人力縮減，工作卻直線上升的情況下，公司期望組長連同管理在內的業務也一併扛下來。

你們就等到望眼欲穿吧,看能不能等到領的年薪少得可憐,卻能從管理到業務都能完美消化的人才。我在短短的時間內多次領悟到「我也隨時都可能被公司炒魷魚」,但這對於提高工作效率毫無幫助,反而只增加了我用前所未有的創新詞彙組合大罵公司的經驗值。

第四位組長離職之後,位子空了超過兩個月,組員也各自安排起夏季休假。這點很棒,因為這是第一次可以不必看主管臉色,在秋天的尾聲去休先前沒休的夏季假期。

「今天聚餐要去哪裡?」

休假結束之際,組員的聊天室傳來了訊息。聚餐?這就怪了,這些同事可不是在沒有組長的情況下會主動說要聚餐的人啊,究竟發生了什麼事?

「在賢今天變成組長了,所以決定來個閃電式聚餐。」

我按捺不住心中的好奇,傳了訊息問同事,結果得到了這個答覆。在賢是從我進公司就一起工作的同事,就年資來算,是組員中第二短的,年紀則比我小三歲。他竟然成為了組長?現在,我也有了比我年輕的主管了。

一起共事的同事升遷了，這件事會為我的公司生活造成什麼樣的影響呢？我思考起這件事，接著腦中浮現了一個人，也就是金前輩。

我是在第二份工作時遇見了金前輩。當時我還是青澀的二十五歲，是由女性員工組成的小組中的老么。儘管不能以偏概全，但我們小組的前輩很不好親近。她們多半是三十歲中後段班、氣勢凌人的姊姊們，不會輕易地就敞開心房，記得當初我花了點時間，才能彼此自在地聊天。還有金前輩，前輩是我們組裡面唯一的四字頭，也是職業婦女。因為她比我大十五歲，所以時而像媽媽，時而又像姊姊，對我來說是最溫暖的職場主管。工作上，金前輩也是我最為信賴和依靠的前輩。只是，有時我仍會忍不住心生懷疑。

「不會啊，不會不自在，我沒必要這樣認為。」

金前輩不時會說這樣的話，而這是因為組長的年資要比前輩淺。有時會有一些白目的人問金前輩：「比自己年紀小的後輩變成主管，不會覺得不自在嗎？」而每一次前輩都說不會，還會反問：「何必把自尊心放在自己毫無野心的地方？」每一次我都相信前輩是在說謊。人家不是說，拋棄野心這件事本身就代表已經傷及了自尊嗎？所以我想像了一

下，換作是我，又會有什麼樣的情緒？雖然不太可能發生，但如果碰到類似的情況，我會怎麼回答呢？

「那有什麼關係，反正我又沒什麼野心。」

這個世界運轉得越來越快了，我沒想到會比金前輩早十年碰到比自己年輕的主管。但我說這句話並不是在說謊，也不是自我安慰，而是出自真心，工作久了，真的就會變成這樣。無論是出於自願或依照他人的意思，拋下對公司的野心之後，權勢、競爭或成就都變得無關緊要了。因此，碰到年輕的主管這種小事，只要對我的工作不構成問題，那就什麼也不是。

時光流逝，我也念出了與金前輩不相上下的台詞。我突然對自己當時用一種微妙的表情看著前輩感到愧疚。

雖然在賢的年資很淺，卻是在小組中工作最久的員工，也是和總公司的員工往來最為密切的人，因此，每當出現組長的空缺時，他都是扮演中間接洽的角色。回顧在賢的經驗，還有考慮到公司的立場，他確實是成為組長的最佳人選，因此在賢成為主管並不會讓我不自在。

不久前，我不小心搭過站，導致上班遲到。在我重新轉乘，手忙腳亂地奔向公司時，偶然撞見了在賢，也就是出來抽菸的組長。換作是平常，我就會搖手跟他打招呼，可是他現在是主管了。我迴避他的眼神，只顧著往前全力奔馳。這是一種出自本能的反應，是身為下屬無論如何都想縮短遲到時間的心情。

到辦公室後，暈頭轉向的我坐了下來，打開筆電，擦了擦汗水，放下皮包，再次擦了擦汗水，打開企劃案，又再擦了擦汗水。筆電旁的鏡子中映照出我的臉，我就像是被人潑灑了泥漿般，妝容被涔涔的汗水弄成了一張大花臉。但沒關係，只要不被主管發現我遲到就行了。就在一切準備就緒時，組長進來了，他的座位就在我的後方。

「組長來啦？」

我打了聲招呼，但沒有轉過頭，我偷偷注視著他反射在筆電的企劃案畫面的剪影，觀察他的動態。

「是呀，妳好。」

他以親切的口吻回答，同時坐了下來。呼，這時我才放心

地拿了衛生紙擦拭汗水，接著組長問我：

「不過，河鑠，妳剛才在外面怎麼跑得那麼急？有什麼急事嗎？」

我完全沒辦法回頭，粉底液和汗水完美融合的液體「啪」地滴落在白色桌面上。

❤ **整理今天的心情**

我要再聲明一次，

成為主管的在賢並不會讓我不自在，

只是我偶爾得看他的臉色罷了。

Chapter 7

因為不想去公司，
所以我去了醫院

 身體還好嗎？今天能去上班嗎？

　　早上睜開眼睛時，身體感到很輕盈。雖然前一晚高燒、腹痛、頭痛讓我差點往生，但睡了一覺起來之後卻沒事了。我看了一下手機，先去上班的老公傳了訊息給我。為了生病的老婆，他在週末包辦了所有家事，還替我煮了粥。真誠能感動天，我沒有吃藥就痊癒了，而這一切都是老公的功勞。我懷著感激和愛回覆他的訊息。

　　「不好，到現在還是覺得痛苦死了，今天沒辦法去公司。」

　　我並沒有說謊，雖然身體沒事了，但我依然痛苦得要命。我真的、真的很不想去公司，覺得自己就快掛了。再說了，今天不是星期一嗎？想到要拖著好不容易才痊癒的身子去上班，就忍不住想，要是我再次覺得天旋地轉、眼前發黑怎麼辦？

「組長，我今天得請病假了。」

「好的，今天好好休息，明天見。」

　　與其這樣，還不如生病，這樣不就更心安理得了嗎？我傳訊息告訴大家說自己生病之後，泡了一杯晨間咖啡，然後拿著裝了熱咖啡的杯子來到了陽台。家裡如此靜謐，外頭卻顯得十分忙碌，有上學的孩子們、送孩子上學的父母，還有趕著去公司的上班族，大家都朝著某處加緊腳步。我看著大家的身影，呼嚕呼嚕地大口喝下咖啡。咖啡濃郁的香氣在鼻腔和嘴巴內縈繞著，好久沒有感受到這種滋味了，是請年假的滋味。

　　喝完咖啡之後，我倒在客廳的沙發上，打開了電視。有線電視台正在重播星期五晚上錯過的綜藝節目《我獨自生活》，看到歌手華莎在炸醬麵裡加了松露油，我忍不住好奇起那是什麼味道。這時我才感到飢餓，於是到廚房打開收納櫃看了一下。我們家就只有煮湯麵的泡麵，但我不想輸給華莎。我打開冰箱，取出了蔥、雞蛋、香菇和青陽辣椒，但這些都是很常見的配料，所以我不太滿意。我打開冷凍庫，又找出了牛肉和鮑魚，接著腦中浮現了菜單的名稱——就叫它皇帝泡麵，不，我要叫它會長泡麵。

　　會長泡麵並沒有想像中那麼了不起。可能是放了太多牛

肉，湯頭的尾韻讓人感覺很膩，以致最後我完全不想泡飯來吃。我原本想把剩下的泡麵丟掉，這時老公又傳來了訊息。

「妳有去醫院嗎？如果沒去的話，要不要我請半天假陪妳去？」

「不用了，沒關係，我自己去就好了。」

「冰箱有剩下的鮑魚粥，要記得吃飯。」

我感到很愧疚。通常看病的費用都會用生活費的信用卡支付，如果老公在下班前都沒有收到在醫院付款的通知簡訊，一定會放心不下。仔細想想，說不定我還得向公司提供醫生診斷書。總而言之，我得先去醫院一趟。

我去了附近的內科看診，很驚險地趕在午餐休息時間前抵達。因為離家裡很近，我經常去那家診所，就是每次聽到醫生說「不要有壓力」之後讓人洩氣無力的地方。

「您哪裡不舒服？」

「我星期五晚上消化不良，持續出現嘔吐、發燒、頭痛等類似感冒的症狀。」

「從星期五晚上到現在的症狀都相同嗎？」

如果病成那樣，怎麼可能一個人來醫院咧？我正打算如此回答，但後來又補充說明，現在還有出現胃脹症狀，皮膚也還留有顆粒狀的紅疹。

「看起來是帶狀疱疹呢。」給醫生看了背部的紅疹之後，醫生下了診斷。什麼？是帶狀疱疹？

回家的路上，老公打來了電話，因為他的手機收到了在診所和藥局結帳的簡訊。

「醫生說什麼？」
「完了，醫生說是帶狀疱疹。」

我像是被宣判死刑般以了無生氣的聲音回答。老公嚇了一跳，說會提早下班，但我勸阻他，並說自己沒事。

原本我打算去一趟醫院，接著去咖啡廳喝杯美式咖啡、享用起司蛋糕，可是打從走出診所的那一刻開始，我就覺得身體不太舒服，直接回家了。換衣服的時候，我用鏡子查看了一下背部的狀況。我就像故障的機器人般扭轉脖子，目不轉睛地盯著有紅疹的部位，頓時感到天旋地轉。

我再次躺在沙發上，但這次並沒有打開電視。我用手機搜尋「帶狀疱疹」，在閱讀相關症狀與處方的文章時，特別注意了「七十二小時」這個部分。上頭說，在七十二小時內接受治療，效果才會好。我算了一下，剛好在時間內去了一趟醫院，我鬆了口氣，接著進入了夢鄉。

嗶嗶嗶、嗶嗶嗶，我聽見玄關門開啟的聲音，是老公回來了。看了一下時鐘，原來已經過了傍晚六點。我足足睡了四小時。

「妳還好嗎？」

老公一臉憂心地問我，而我就像被世界上最不幸的人附身似的猛力搖頭。看到老公的臉，我覺得心好痛。很快的老公將替我準備晚餐，而我會大口大口吃下晚餐，吞下藥之後，再次進入夢鄉。好哀傷，睜開眼睛之後，星期二又會到來，那麼我又得去上班了。難過之餘，我仍懷抱著一絲希望。

♥ 整理今天的心情

真希望明天可以病得更重，
帶狀疱疹，拜託你了……

Chapter 8

薪水本來就是挨罵費

 「我還是第一次見到這種公司耶。」

　　我有種既視感，明明是不同的人、不同的時間和地點，但兩人說的話卻連助詞都分毫不差，尖酸的語尾也相似。我的腦中瞬間閃過一個念頭，會不會他們原本就是同一個人？

　　他們是參加公司專案的作家，而我先與兩名擁有十年資歷的自由作家各工作一個月，接著又一起共事兩個月。通常大家都會誤解寫字的人會很刁鑽挑剔，但自由作家的性格大致都很爽朗。這是因為他們本身必須成為品牌，才能夠獨立工

作。實力是一碼子事，但給人的印象、氣質、語氣和行動等一切都是經過計算的。脫離歸屬感生活並不輕鬆，每天都要帶著去面試的心情工作。你問我怎麼知道？因為我當了好幾年的自由工作者，卻無法找到一席之地的生活就是這樣的。

之所以講這些枝微末節，是為了解釋一件事，就是通常他們不會把對公司的一連串不滿說出來。他們沒有選擇在背後說壞話，而是在我的面前義正辭嚴、鏗鏘有力地發表意見，就意味著「看我以後還會不會跟你們合作！」面對已經鐵了心的他們，我能說的回答就只有——

「這裡本來就是這樣。」

不知從什麼時候開始，我經常在公司用「本來」這個副詞。本來就這樣、本來就那樣，彷彿我進公司就是為了狂講這句「本來」。我知道，「本來」代表的是「開始」與「根本」。我並不清楚公司歷史的開始與根本，卻記得進公司那天的公司氛圍與見到的人。認真說起來，我並沒有說錯。對作家來說，我口口聲聲說的「本來」很失禮、很無知，也毫無意義，但我並沒有停下來，而且還為了安慰他們補上了一句：

「本來就這樣，所以就習以為常吧。」

事實上我心知肚明，這兩人尖銳的抗議是始於何處。都是因為「孫部長」。孫部長的嗜好是以顧客為名義提出荒謬至極的要求，還有仗著自己是資方，不懂得區分該說與不該說的話，不然就是仗著自己是部長就隨便貶低他人。從自己的下屬到派遣員工和自由工作者，只要他認為對方的層級比自己低，他就會口無遮攔。有人說，他這是為了先發制人，但在我看來，孫部長天生就是這種人。

很巧的是，兩位作家都在和孫部長開完會後，問我公司的本質是什麼。作家日以繼夜準備好的企劃案，孫部長卻連看都不看就說：「我不太方便讀這個，直接用講的吧」，不然就是對方正要開口時，他卻自顧自地說：「夠了，我自己來整理就好（略）……看吧？很簡單嘛，是不是？就這樣做吧。」說完後，他人就閃了。這些行徑在我眼中都早已見怪不怪，因為他本來就是這種人。

「月薪本來就是挨罵費，懂吧？」

與兩位作家合作的專案結束的某天，孫部長如此對我說道。當時我們人在電梯裡，聽到孫部長要求我重做他根本就不會看的企劃案，我臉上的法令紋尾端於是很不爽地微微顫抖。而這時，他便看著我的臉說了這句話。聽到他驚人的邏

輯之後，我差點就把緊緊握住的拳頭中間那根手指伸出來給他看。

孫部長先下了電梯，我看著他的後腦勺忍不住好奇幾件事。真的「本來」都是這樣嗎？難道就必須接受並理解所有的「本來」嗎？可是人們所說的「本來」和我在成長過程中建立的「本來」認知不同，那我究竟該相信哪個「本來」呢？其實，我在多年前任職的公司中，曾對前輩說出與兩位作家相似的話。

「我還是第一次見到這種公司。」

身為一介軟弱的新人，對公司和主管大失所望後，最狠也只能說出這種台詞。這時前輩給了我建言。

「孩子，這裡是資本主義國家，用金錢就能買到一切。公司也一樣，公司用錢買下了你平日上午八點到下午六點的時間，還有使用妳的勞動力和想法的權利，而你在簽合約書時對此表示同意。要是你因為失望和不爽，導致無法集中在工作上，那只會是妳的損失。所以說，上班之前要把情緒放在家裡再出門，這樣會比較輕鬆自在。」

薪水就是即便挨罵也必須一概承受的挨罵費，以及能把人當成物品來使用的權利，這兩人的理論非常相似。大概他們也曾經從前輩和主管的口中聽到類似的話吧，畢竟有關「本來就這樣」的眾多主張都是經過代代相傳的。無論是真是假，那些都是某個人的想法和話語不斷生根後，才流傳到現在。

很遺憾的是，假如薪水真是如此，那我們的未來就等於是完蛋了。無論再怎麼努力，都不可能比人工智慧更有胸襟，更不可能在被臭罵之後毫無情緒起伏，而我們人類也沒有那個體力，可以在被持續利用後卻不感到疲乏。此外，在我們想法中根深蒂固的「本來就這樣」也會逐漸失去力量。

總而言之，有一天，我很想在執意堅持「月薪是挨罵費」的孫部長面前好好教訓他一回。還有，如果他感到瞠目結舌，我會再補上一槍。

♥ 整理今天的心情

「你身為部長，還不懂得盡自己的本分啊？

每個月的挨罵費領得那麼勤快，

卻不想挨別人罵，一張嘴只會罵別人！」

Chapter 9

我們並不是玩具

 *這篇文章含有關於童話的殘忍情節，可能會讓人感到不適。
如果不想被毀掉童年，請跳過以下這一段文字。

　　《白雪公主》中登場的帥氣王子之所以親吻公主、與她結
婚的真正原因，並非出自於愛，而是為了隱藏自己的「戀屍
癖（Necrophilia）」。《大豆紅豆傳》中，紅豆女殺死大
豆女，和縣令大人成婚後，後來卻被縣令發現此事，於是四
肢慘遭分解，被用蝦醬加以醃製。結果，紅豆女母親對此毫
不知情，還吃得津津有味。

　　童年讀過的美麗童話故事，長大之後再次接觸時，卻成了
駭人聽聞的故事。而這些故事我們稱之為「殘酷童話」。

不久前，我看了《玩具總動員4》，這部動畫系列是由迪士尼監製，看第一集時我還在讀國中。二十四年了，每當我快忘記這部動畫時，就會有新的續集上映，而我每一次都會捧場，因為我總是很好奇和我一起變老的玩具們過得好不好。

　　時間讓記憶變得朦朧不清，為了觀賞暌違九年才上映的《玩具總動員4》，我把前面三集全部又刷了一次，卻發現了一個驚人的事實——看過的前三集都近乎殘酷童話。

　　雖然《玩具總動員》一二三集的故事是由其他事件揭開，但故事的主軸卻只有一個，就是身為三集主角的玩具胡迪想方設法要躲過被主人艾迪拋棄的冒險故事。第一集說的是新玩具巴斯光年登場，於是胡迪和其他玩具面臨被丟棄的危機，第二集是胡迪失去一條手臂，害怕被艾迪拋棄的故事，而第三集又是擔心長大後的艾迪會把胡迪和玩具丟棄的故事。我每一次都替胡迪和玩具助陣加油，祈禱他們能平安無事地回到家中。拜託、拜託，一定要讓我看到艾迪還很珍惜你們的畫面。

　　但歲月如梭，重新觀賞《玩具總動員》時，我再也不會替胡迪和玩具加油，也不擔憂他們的命運了，只覺得我和他們是同病相憐。

我就像胡迪，一樣都待在籬笆內。我在名為家庭的籬笆內出生，在名為學校的籬笆內讀書，又在名為職場的籬笆內從事經濟活動。雖然我有自由工作者的經驗，卻沒辦法完全經濟獨立，最後，衣食住只能靠住在父母家中來維持。也因此，我一次也沒走到籬笆外頭。從過去至今，我一直以為自己是獨立自主的，但看到胡迪與他的同伴們之後，我不禁對人生產生了疑問。

　　許多上班族即便對名為公司的籬笆內有諸多不滿，卻害怕走到公司外頭而不知所措。要不然，也不會出現「公司內是戰場，公司外是地獄」這種話了。我們過的生活，也和《玩具總動員》中的胡迪和玩具一樣。

　　雖然在競爭中突破重圍進了公司，卻又因時時刻刻登場的競爭者而緊張兮兮、費心勞力。年資越深，就越害怕長江後浪推前浪，於是更竭力想要突顯自己的存在感。儘管如此處心積慮，但離開公司的時刻最終還是來了。

　　許多上班族在擺脫公司這個籬笆時，認為自己變成了「毫無用處的人」，就像因為破舊故障，理當被主人拋棄的玩具一樣。

更殘忍的一點，是艾迪好歹還對玩具懷有昔日舊情與回憶，但公司對我們卻沒有一絲情感，它對生物學的角度上逐漸增長的壽命，以及經濟學的角度上逐漸縮短的壽命絲毫不感興趣。啊，公司確實是會意識到一件事。它會對我們灌輸各種恐懼心理，告訴我們外頭有多不穩定、多危險，藉此鼓勵員工要更加埋頭苦幹，就這樣。

《玩具總動員４》不一樣，不再是玩具們擔心自己會被丟棄的故事了。雖然這四集裡面的胡迪毫無老化跡象，臉上的肌膚依舊緊緻有彈性，但他的舉手投足卻像是個幹練深沉的老人，再也不會在不想要自己的主人面前極力表現，也不再回到那樣的主人身邊，更不會感到焦慮不安。他終於能活在屬於自己的世界，並迎來幸福美滿的結局，連帶壓著我人生結局的沉重不安，也猶如擠掉水的海綿般如釋重負。

走進公司這個籬笆是出自我的選擇，那麼，我的人生會變成「殘酷童話」，抑或是「美麗的童話」，不也能由我自己選擇嗎？儘管無法明天就做出抉擇與改變，但我期望，等到時機成熟，我也能像胡迪一樣，不失去自己的價值。

話說回來，明天是星期一，

就先往前走吧，

走進殘酷童話之中。

第二章

氣呼呼，
但同時又
昂首自信

Chapter 1

離職後一年八個月，
我經歷的四階段心理變化

 四十多年前拳擊傳說人物說的話，帶領我走向離職

一九七四年，穆罕默德・阿里在與喬治・福爾曼的歷史性對決比賽前，曾說過這樣的話。

> 「我曾與鱷魚角力、與鯨魚搏鬥，也曾一把抓住閃電，將它狠狠扔進監獄。就在上週，我殺死了小石子，弄傷了岩石，把磚頭送進了急診室。我所擺出的姿勢，就連藥物都會感到疼痛。」

在那之後過了四十多年，我細細反芻這位拳擊傳說人物留下的這番話。我下了一個結論：雖然我不曾與鱷魚、鯨魚或閃電交手搏鬥，但我也擺不出弄疼小石子、岩石和磚頭的姿勢。還有，我很突然地離職了。

這並不是我第一次離職，卻是邁入三十歲以前的最後一次。從現在開始，我要告白的是一年八個月的期間，我沒有去公司上班的紀錄，以及當時經歷的心理變化階段。

1.肯定階段

失業津貼，這是我離職之後認識的名詞。儘管腦中短暫浮現了「如果早點認識它不知道會怎麼樣？」的念頭，但我八成會以為這是與我無關的政策。還有，那是我已經結清單程機票錢之後的事了。我巴不得能早一天離開韓國，也非常肯定不管是職場生活或韓國都跟我不合。二十九歲時，我出現了顏面麻痺的症狀，雖然只是暫時的，雖然只有一邊，但就連脖子也不太能轉動。我大受衝擊，我並不想用這種方式度過三十歲。我決定先離職，然後去旅行十個月，當時我並沒有焦慮不安，因為我有自信無論如何都能活下去。

真正讓我感到背脊發涼的地方，是在我迎來三十歲的舊金山。我一抵達這個最後的旅行地點就碰上了雨天。為了解

決三餐，我去了中國城，結果差點就被扒走錢包。我原本以為，只要在國外撐十個月，就會產生在韓國撐個十年的能量，可是隨著回國的日期逼近，我卻越來越沒有自信。

2.疑惑階段

旅行回來之後，經過深思熟慮，我向幾家公司投了履歷，可是卻石沉大海。我也試著投了沒什麼把握的公司，一樣是杳無消息。經過自我妥協，只要看到和我相符的資深職缺，就無條件先抓了再說，但同樣無消無息。好歹在我去旅行之前，只要投五家公司，就會有三家聯繫我。我有預感，這其中一定是出了什麼問題。我先去了手機維修中心。搞不好和我在國外一起經歷大風大浪的手機也貪圖休息，因此拒接了所有重要來電，可是經過精密的檢查之後，判定手機沒有任何問題。

我不禁疑惑，「與磚塊相撞之後，會痛的是磚塊而不是我」的結論究竟是打哪來的？我的身體打從去旅行之前就已經是滿身瘡痍，就算撞到的不是磚塊，而是小石子，會倒下的想必也是我。我再次觀察鏡中的自己，我和拳擊手阿里之間，除了皮膚都很黝黑之外，沒有別的共同點。

最後，喚醒我的戰鬥力的，不是運動傳奇人物的名言，而是比「女校怪談」更令人驚恐的帳戶餘額。

3.挫折階段

錢已經見底了。儘管在返回韓國的飛機上，我下定決心不再成為曾經帶給我慘痛回憶的「去上班的自由工作者」，無奈天卻不從人願。好歹這是唯一欣然迎接我的工作，因此我帶著隨時都能伏地磕頭的心態去上班了。

三個月後，我以自由工作者任職的公司理事問我要不要轉正職，但我婉拒了。原因不在於我賺了幾分錢之後，就喪失了對金錢的迫切感。而是公司的業務和同事在短時間內讓我的免疫力化為一片焦土，導致我的子宮出血不止。到了晚上，我則會因為壓力和憂鬱症而哭泣，直到最後哭累才睡著。這是顏面麻痺與沒辦法轉頭的疼痛無法相比的，身體生病和身心都生病，煎熬程度完全是不同層次。

還以為到了三十歲一切就會好轉，以為到了三十歲，我就會變得堅不可摧、少點後悔，但想像歸想像，我的三十歲既懦弱又容易受挫。

4.否定階段

大約在那時，我又得知了一句拳王泰森說過的名言。

「每個人都擁有完美的計畫，直到被狠狠地揍一拳為止。」

假如離職之前就聽過這句名言，那會怎麼樣呢？至少我會一邊領著失業津貼，一邊尋找讓自己休息的方法。我會先衡量自己的口袋再去旅行，也會在被狠狠地被揍一拳之前，制定出更棒、更完美的計畫。

不過，多虧了三個月夜以繼日地工作，手頭上因此有了能撐一陣子的錢。基於健康因素，我開始搜尋不用到公司上班的工作。這時，我才開始惶惶不安。高低起伏的收入，加上沒有按時支付款項的公司，我體驗到自己明明有在工作，可是卻越來越窮的奇異現象。到底是要我怎樣？我再次頓失方向。

不知道你有沒有聽過「越貧窮者越愚笨」的說法？根據哈佛大學的研究，當人碰到貧困窘迫、無計可施的時刻，IQ會大幅跌至十三左右，等於是處於熬夜一整晚或酩酊大醉的精神狀態。因此，研究結果指出，如果面臨這種迫切的狀況，就更容易做出令情況更危急的愚蠢選擇，而我不偏不倚就是如此。

為了錢，我又成了必須去上班的自由工作者。雖然工作強度和同事沒有先前的工作那麼難以忍受，但比之前領到的薪水少了許多。

　　慢慢地，我開始否定自己，否定自己的選擇，否定自己的狀況，還有否定自己的能力。

♥ 整理今天的心情

最近我也不時會回味五年多前那一年八個月的記憶，
然後忍不住噗哧笑出來。
不過，假如有人問我，
「不管怎樣，這種經驗還是很珍貴吧？」
我會回答：「每個人都會好奇一些有的沒的，
直到被狠狠揍一拳為止。」

Chapter 2

離職之後，
才發現金錢是更真實的事

 「比上年上升了26.8%。」這句話說的不是股價，
而是二〇一九年第一期零食「美味樂園寸棗糖」漲價的幅度。

　　九〇年代初，美味樂園寸棗糖的價格是五百韓元。當時對於還是小學生的我來說，這種古早味的零食沒什麼太大的吸引力，但我卻常常為了買它而全力奔向超市，因為對爸爸來說，寸棗糖是爆米花的代替品。爸爸是那種必須第一個租到錄影帶店的最新電影才會覺得痛快的人。還有，播放電影之前，必須事先準備好的，就是放在置物架上的寸棗糖。

　　但家中並非時時都有這麼重要的寸棗糖。沒有零嘴時，就得有人迅速敏捷地跑出去買。沒錯，那個人通常就是家中最年幼的我。

雖然很不公平，但我並沒有大肆抱怨，而這都多虧了爸爸塞在我手中的一千元。爸爸默許我把買完寸棗糖剩下的五百元納為己有，這是跑腿的價碼，也是代買服務的費用。

如今想想，爸爸使喚我跑腿，會不會是在對女兒進行經濟教育呢？他是不是想告訴我，妳必須工作才有錢，如果沒錢，就買不到寸棗糖。可惜的是，儘管爸爸如此用心良苦，我卻是在離職之後身無分文了，才有了經濟觀念。

對我來說，金錢是虛構的，根據四面八方聽來的說法，金錢是一張無法預測的紙。被稱為錢的紙張，最早是過去用來交換金子、銀子的證明書，可是精明的銀行卻利用證明書累積財富。他們開始把證明書借給人們，從中獲取利息。於是，銀行印了要比實際保管於銀行的金子更多的證明書，直到身為世界強國的美國變成貿易赤字，而能夠交換金子的證明書，也在基於對美國的信賴下，換成了可以無限制印行的貨幣。

如今金錢不再被拿來交換有形的財產，也就是金子，價值也隨著市場起伏不定。即便我坐擁萬貫家財，只要貨幣的價格下跌，錢可能真的就變成一張破紙。如今無法再以五百元買到寸棗糖，想必也跟此有關。

我並非從一開始就認為金錢是虛構的。當我還是個社會新鮮人時，可是很認真存錢的，因為看到存款的數字逐漸增加，我的心情就會變得很踏實。當時我做了兩份工作，平常在公司上班，週末兼家教。我並沒有打算拚命工作，只不過是求職前接的家教沒辦法說不做就不做而已。

當時我是個菜鳥記者，週末也經常需要出去採訪，但四處奔波之餘還要負責家教，當然沒有玩耍的時間。朋友們開始賺錢之後，買了漂亮的衣服，去了高檔的好地方，而且還只挑美味的食物吃，但我卻沒有這種悠閒時間。可是這種惋惜的心情，卻無法與見到存款逐漸累積的成就感交換。當時我的年薪是兩千四百萬元左右，但我在六個月內就存了一千萬元，甚至連沒工作時欠下的債都還清了。

就這樣過了快八個月，某一天我昏倒了，但並不是因為過勞，而是因為喝了一杯小米酒而神智不清。我本來就不太能喝酒，但酒量也沒有差到只喝一杯小米酒就倒下的程度。身體還出現了更多異常訊號。如果沒什麼特別的事，我就會在星期五晚上看電影或電視劇，直到進入夢鄉，但不知從何時開始，隔天我卻睜不開眼睛。甚至我曾經在星期五晚上十點入睡，星期六晚上十點才醒過來。如果整個人感到神清氣爽也就罷了，但我就像一件泡了水的厚針織衫，身體沉重不

已。後來，就連生理期來的時間也抓不準，有時一個月來兩次，或者兩個月來一次。

我去醫院做了健康檢查，甲狀腺結節、慢性胃炎、椎間盤突出症初期等，這副認真工作的身體沒有一處是完好的。

就是從這時候開始，我辭掉了家教，一有空就會去旅行。星期五的晚上，我會和好友們一起去吃價格很邪惡但卻很適合拍照的網美餐廳。週末則去看就連名字發音都很難念的藝術家的展覽。我也會購物，大部分都是設計令人費解又很難穿得舒服的衣服和飾品。這就是消費型的YOLO（You Only Live Once）。

我也從家裡搬到外頭住，在公司附近找到的房子，就位於大馬路旁，只要打開窗戶，地板就會立刻變得烏漆抹黑的住辦合一大樓內。白色的化妝台、白色的床，還有更白的沙發，我在家裡擺設了這些家具，最後則添購了一個紅酒櫃。加班後，我經常邊喝紅酒邊眺望窗外。即便只能聽到汽車憤怒地從八線道呼嘯而過的聲音，我的人生依然看起來閃亮亮的。

YOLO結束在離職後的長期旅行之後。在八個月內還清債務，還存了一千萬的勤奮社會新鮮人，把存下來的錢全部都

砸在旅行上頭。結束旅行，回到韓國的時候，戶頭連喝杯咖啡的錢都不剩。錢就像在春光下融化的雪般靜靜地消失了，不留一點痕跡，直到我回過神來，人事已非。

過了三十歲卻身無分文是非常嚴重的問題，正好這時爸爸的事業也碰上了危機。哥哥也在爸爸的公司工作，而爸爸的口袋內的狀況，和我們家的經濟狀況直接連結，當我以無業遊民之姿回到家中後，發現家裡的經濟狀況已是捉襟見肘。

「妳的手頭上有錢嗎？」

那是在我打起精神，重新開始當自由工作者的時候。這輩子從來沒提起錢這個字的爸爸如此問我。那陣子的爸爸以信用卡支付生活費，卻沒有錢能付清帳單。爸爸一生只借錢給別人，卻不曾向人借過錢。這樣的他，要向明知是窮光蛋的女兒伸手要錢，該會有多困難啊？當下，我突然想起了寸棗糖。說這句話之前的不久，爸爸和我一起去了超市，經過零食區時看到了寸棗糖。爸爸在它的前方稍作停留，接著很快便頭也不回地走了。

這時，錢開始變得很珍貴。包括因為必須擦拭得比自己的身體更勤快，所以我根本坐沒幾次的白色沙發，還有為了把

不知道何時才會用到的物品帶回韓國，因此必須多付的手提行李費用，以及為了「適應奢侈」，於是將帳戶剩下的錢全部拿去買美式咖啡等，過去這些簡單的消費，瞬間成了沉重的損失。

　　荷蘭有這麼幾句俗諺。

　　金錢能買到房子，卻買不到家庭；
　　金錢能買到床鋪，卻買不到睡眠；
　　金錢能買到時鐘，卻買不到時間；
　　金錢能買到書本，卻買不到知識；
　　金錢能買到藥物，卻買不到健康。

　　乍聽之下，可能會覺得金錢和幸福毫無干係。我試著改了一下句子。

　　有了房子，家庭就會更穩定；
　　有了床鋪，睡眠品質就會提高；
　　有了時鐘，就能有效利用時間；
　　有了書本，就能獲得更多知識；
　　有了藥物，就有助於管理健康。

金錢並不會帶來幸福，但只要有了錢，不幸的機率就會降低，而這正是我把消費視為損失的理由。因為我感受到，人生可能會因為金錢而變得不幸。

我希望在所得與消費之間取得平衡，並且仰賴錢達成的，並不是什麼了不起的事。首先，就算價格不是調漲26.8%，而是268%，我也想買寸棗糖給爸爸。就算客廳沒有比身體更需要小心呵護的白色昂貴沙發，我也想買不需要背貸款的房子。我想久久做一次不需要管CP值的消費，還有我討厭面對小小的失敗就一蹶不振，於是變成一個冷酷無情的人。最重要的是，我痛恨以盯著沙漏的心情，苦惱自己要上班到何年何月。

❤ **整理今天的心情**

現在我明白了，
就算運用「在公司領到的薪水」去做消費，
也消除不了「在公司承受的壓力」。

Chapter 3

戀愛倦怠期和工作倦怠期的
七大共同點

 有人說，
如果心臟狂跳不止，就要懷疑是不是罹患心臟疾病。

　　如果一年四季都充滿熱情，就表示你的體質是太陽人，但心跳加速的悸動感，總有一天會停止，熾熱的溫度也會變得溫熱，最後逐漸冷卻。

　　情緒就像自己的臉，每天都會緩緩地改變。因此，對於戀人彷彿恆久不變的心跳加速感，以及只要能被錄取就欣然成為公司的乾柴、赴湯蹈火、在所不辭的熱情，也會逐漸變得遲鈍，最後完全停止。這種症狀，我們稱為「倦怠期」。

戀愛與職場，在這兩種亦公亦私的領域中，倦怠期的症狀卻意外相似。

1.話變少

對男女朋友和公司的注意力下降之後，視野就會豁然開朗。沒錯，在我們擁有珍貴的男女朋友之前，成為夢寐以求的上班族之前，我曾經有過許多萬分珍惜的事物。

當戀愛與職場生活的適應期如暴風過境之後，我們就會看到先前被烏雲所遮掩的重要事物，接著開始在意起它們。可是，被男女朋友或公司發現自己的心思時，我們卻會感到很不自在，因為一不小心就可能會招來「你變心了」的誤解。所以，說話和聯繫的次數很自然地變少，就連回答時也變成省話一哥（姐），好比只說「好喔」、「好的」、「嗯」、「嗯嗯」、「呵呵」。

2.挑三揀四

在「原本看起來很美好的部分」旁邊「看起來不怎麼美好的部分」開始變得顯眼，而接連看見的缺點，也逐漸變得比優點多，最後就連原本看起來很美好的部分都讓人感到不爽。此外，在這段時期，其他異性和其他公司看上去都很不錯。

3.意興闌珊

去約會的路上，去上班的路上，雙腳彷彿掛了沙袋般沉重。何止是這樣？和男友分開回家的路上，以及下班的路上，我的腳步卻猶如空中飄浮般無比輕盈。除此之外，過去什麼都想做的約會行程慢慢沒了，而即便面對再簡單的工作，做事時也慢得跟烏龜一樣。

4.吝於花費

我開始吝於花費自己的金錢和時間，和男朋友約會的次數變少了，而且約會的地點也多半是在家中或附近。如果我自己住在外頭，就會偏好在家約會，而這也成了省下電影費、餐費和汽車旅館費的合理選擇。當上班族的我，比起金錢，更吝於花費時間。我並不想把寶貴的時間白白浪費在公司上頭。工作速度雖然變慢了，但下班時間卻變快了。碰到公司說要聚餐，還會冷不防地產生想申請加班費的念頭。

5.變得很愛比較

我開始會把認識的異性拿來跟男朋友相比，把知道的公司拿來跟我的公司相比。從比較開始的那一刻，「我的」就陷入不利局勢。已經體驗過的，和沒有體驗過的，期待感本身就不同。別的異性和公司可能會比現在的男友和公司更好更優秀，還有「更好的選擇」這件事是看不到盡頭的。我們經

常會拿「自己的東西」和「他人的東西」進行比較，卻很少拿昨天的我和今天的我來比較。

6.祕密與日俱增

話變少之後，自然就會有祕密。當不想吐露的事情增加，隱藏的事情就會變多。我沒辦法告訴對方，原本一天沒見到面就會無法忍受的心情冷卻了，也不想被公司發現我在工作時間查看其他公司的徵人訊息。我沒有要立刻跟男友分手，也不是馬上就要辭掉工作，只是累積的祕密不停地增加罷了。

7.謊言增加

據說川普當上美國總統以來，在九百二十八天內說了一萬兩千零一十九次謊。看來政治人物還是免不了會說謊吧？我也不知道。根據美國加州大學研究團隊的說法，人一天平均會說兩百次謊。若以時間來算，等於每八分鐘就會說一次謊。我們在陷入熱戀、對職場生活熱血沸騰的時候，也會說出「我是第一次有這種感覺」或是「我生是公司的人，死是公司的鬼」等善意的謊言，但碰到倦怠期時，卻經常說出迴避型的謊言。因為不想親口說出「我的心冷卻了」、「我最近在準備換工作」，因此只好說出違心之論，也就是迴避型的謊言。

再次相愛、再次分手、

再次認真工作、再次離職，

倦怠期，即是重新做出選擇的時期。

Chapter 4

情緒性的離職，
變成明天的現實

 修正、修正、修正、修正、修正

都要怪總公司新來的負責人智順，最近我連聽到朋友「秀貞」的名字都覺得討厭。雖說如此，這並不代表我和之前共事的石賢就像麻吉般合得來。只不過石賢和我有個共同點，就是無法忍受肉麻矯情。因為我們兩個都偏好訊息坦率明確的企劃案和文章，所以很少會有意見分歧的時候。雖然我並不想沉浸在過去，但最近碰到智順有過多的情緒時，我就會開始想念起石賢。昨天也是，我以「青春」為題寫了要放入製作影片的字幕，傳給智順。

「青春的未來必須耀眼，但今日的青春卻充滿不安。」

畫面只有五秒，但智順發揮了把原本一行的文字擴增到三行的能力，要求我修改。

「即便呼吸也要花錢的這座都市，我該往何處去呢？有人說，青春是最美好、最耀眼的，但今天傷痕累累的我，卻老是焦慮不安，益發感到自己的渺小。」

在這段文字中，我的目光該往何處去呢？如果要在五秒內把那冗長又肉麻的字幕放進去，文字應該怎麼修改？乾脆全部刪掉不是比較好嗎？智順的文字，總是這樣令我焦慮不安，益發感到自己的渺小。

進行內容發想的工作時，和喜好不同的負責人或顧客合作是最羞辱人的。經過一改再改、三改四改，不僅我的心情搞得比企劃案更扭曲，偶爾還會想說出一些踐踏對方心情的話，然後頭也不回地離職。仔細想想，我確實有過一次類似的離職經驗。

是在二十五歲左右，還是接近三十歲的時候？總之，我曾經在中堅企業擔任網路宣傳，從上班的第一天，我就能感覺

到辦公室的氣氛和直屬主管都很不尋常。無論是交接或工作內容，曾是我主管的宋科長都沒有解釋，就算聽到我說想知道前任人員做了哪些事，他也依然默不作答，只告訴我就像徵人訊息上頭說的，我的工作就是負責撰寫要放在部落格、推特、臉書和電子雜誌的文案。

　　為了盡快上手，我看了前任離職人員的筆電，也向職務完全不同的隔壁同事問了各種問題，最後透過每個月的會議得知每個月要撰寫和上傳的文案行程表。因此，我先按照留在筆電的行程表發表部落格的文章，並撰寫了隔天開會時要提出新的企劃案內容。就這樣上了四天的班，宋科長說有話要告訴我，把我叫到頂樓屋頂。

　　「我原本對妳抱很大的期望，沒想到卻大失所望呢。」
　　「為什麼？」
　　「因為沒有任何變化啊。不管是部落格，或者是其他平台。」

　　每次當我想問什麼時，只會指責我：「妳自己看著辦」、「連這種事都要我告訴妳？」、「妳不是說有做過嗎？」的那張嘴，卻吐出了「失望」兩個字。原本以為主管只是難搞刁鑽，沒想到性格還很急躁。如今回想，主管就只是「愛欺

負新人」，但當時我很不爽。

「喔，是喔，既然您這麼想，那我要離職。」

　　我並不是真的想說這種話，只是想表現「我很不爽」罷了。可能是我在進這家公司之前看了太多電影，我帶著充滿殺氣的眼神瞪著他說我要離職。雖然宋科長剛開始也露出很無言的表情，但見到我一次也沒眨眼，他很快就垂下目光。我回到辦公室時，隔壁同事向我搭話：「宋科長沒有發神經嗎？已經有好幾個人因為他離職了。」多虧了這句話，我多少也猜到了為什麼前任人員沒有交接就急著離職的原因。

　　上一份工作也因為主管吃足苦頭的我，沒有半點猶豫。從頂樓走下來的宋科長好聲好氣地說要再聊一下，但我無視他的存在，直接告訴組長說我要離職。組長大概內心也有個底，於是瞥了一眼宋科長。那一刻，看到宋科長以彷彿迷路的小狗般望著組長，我不由得感到大快人心，但即興的離職戲碼所帶來的痛快感，也就到此為止而已。

　　我把勸阻我的組長和同事拋在後頭，帶著上班四天的個人物品走出公司。工作本來就夠多了，做起來又很痛苦，簡直是雪上加霜。幸好能趁早知道這間公司的真面目，

再加上剛開始求職沒多久就找到工作，所以要重新準備並不構成太大的問題。可是，拿著個人物品搭上回家的公車時，我卻有一種說不出的百感交集。

我一坐在公車最後面的座位上，隨即想起電影《畢業生（The Graduate）》的最後一幕，男主角班傑明跑到與別的男人結婚的女主角伊蓮的婚禮上，做出了前所未有的果敢行動。班傑明和伊蓮合力用十字架封鎖了婚禮會場的大門，接著兩人一起逃跑，搭上了公車。他們坐在公車最後面的座位上，以暢快無比的表情凝視彼此，而電影也在這幕畫下了句點。

許多人都把這幕當成Happy Ending，但只要仔細觀察，就能發現這對原本相視而笑的男女，看著前方時卻表情凝重，而且公車內的乘客也同樣面無表情地注視著他們。我很擔心在這一幕結束後，他們所迎接的，是一點都不浪漫的現實。

這是個奉勸大家離職的時代。

但越是如此，決定離職時就必須越慎重。祕密山丘是不存在的，對年輕人來說，即興的離職反而會成為劇毒。

所謂的公司是這樣的，假如現實是地獄，公司外頭即是地獄之火。因此，我們需要的不是情緒性的離職，而是經過縝密計算的離職，像是事先找好下一份工作，下定決心體驗更符合性向的工作，又或者制定靠退職金休息幾個月，同時等健康狀況恢復等確實的計畫或明確目標。

我會說出這種老頭子般的台詞，並不是因為我在一氣之下離職之後，向爸媽借了兩個月的生活費，而且還因為沒錢和朋友出去，偷偷地從爸爸的皮夾中摸走一萬元。當然也不是因為爸爸為了這件事用很難聽的話罵我，或者因為拖欠兩個月的儲蓄、年金和信用卡費讓我生不如死。

我的意思只是，要盡可能確保自己能未雨綢繆，為不安的現實做好準備，再做出決定。

♥ 整理今天的心情

順帶一提，在我偷偷摸走錢之後，
勃然大怒的爸爸要求我加上高利貸的利息還給他。
重新就業之後，我有段時間都戰戰兢兢的，
就怕爸爸會在我的房間貼上紅色查封條。

Chapter 5

訪談「離職計畫通」
的職場前輩

 「我是為了玩才離職。」

　我把賢振前輩的訊息讀了一次又一次，還以為他是個思緒天馬行空的人，沒想到四十歲中段班的他卻說要為了玩而離職，而且還是夫妻倆同時離職。

　我打電話給前輩，問他這到底是怎麼一回事，大家則是以為前輩中了樂透，還是玩股票或虛擬貨幣大賺了一筆。我吵著要前輩跟我老實說，結果前輩笑著說：「我可是個計劃通呢。」前輩的葫蘆裡究竟賣的是什麼藥？我帶著好奇心要求訪談前輩。

Q. 你為什麼離職？

A. 我不是說了嗎？我想玩啊。

Q. 可以平時工作，週末再玩啊。

A. 碰到公司休息的日子，每樣東西都很貴。機票很貴，住宿費也很貴，最重要的是，就算付了很多錢也沒辦法待很久，這樣很浪費又很可惜。所以我從五年前就開始計畫離職了，本來目標是在二〇一八年底離職，但為了償還貸款，所以時間延後了一點。

Q. 貸款？前輩新婚時買在住辦合一大樓的房子，不是還完貸款了嗎？

A. 我又多買了兩棟房子。

Q. 是樂透，你中了樂透。你老實說，是不是在哪裡賺了一大筆？

A. 最好是啦，兩棟房子也沒什麼了不起，因為買的是位於近郊京畿道的兩間小房子，而且還是老舊公寓。兩棟加起來也不過一億五千萬再多一點。

Q. 你研究怎麼投資不動產了嗎？

A. 新婚時買的住辦合一公寓，是拿來收房租，那我和我老婆則是用繳全稅的方式住在小公寓嘛。試過之後發現，只要多收一點房租，離職後就能玩個兩年左右，所以週末我跟老婆就當作去約會，跑到京畿道去到處看房子，然後又買了兩間房子。接著在幾年內把貸款全都還清了，現在無債一身輕，光靠每個月這三個地方的房租就有兩百萬。

Q. 哇塞，太酷了。

A. 但這也是因為我們夫妻倆沒有小孩，所以才辦得到。如果有小孩的話，就很難制定這種計畫。而且，我太太跟我沒有非得住在首爾的大樓不可。住在十億的大樓裡就會幸福嗎？這我不敢擔保，但我確定的是，用全稅的方式住在旁邊的兩億元公寓也不會變得不幸。

Q. 不過，前輩你現在住哪裡？不是說都拿去出租了嗎？

A. 我拿回之前首爾公寓的全稅金，還完剩下的貸款，把首爾的生活做個了結。現在跑到群山，用全稅的方式承租大樓公寓。

Q.群山？為什麼跑到那裡？還有，地方城市的大樓全稅金也不少吧？

A.因為離職之前，我把所有地方城市都跑遍了，不過我卻很喜歡群山。附近有很多旅行的地點，而且最重要的是全稅金非常誘人。

Q.多少錢？

A.七百萬元！不過更酷的是，房子要比驛三洞的公寓更寬敞、更舒適！

Q.騙人！哪有這種房子？

A.我確實是以比市價便宜兩百萬左右的價格住進去的，不過在地方城市用這個價格就能找到房子。

Q.這個問題可能有點敏感，不過真的能靠兩百萬元生活嗎？

A.我先把一個月固定支出的費用控制在一百萬元左右，剩下的一百萬元打算出國旅行時再用。如果錢不夠，我打算去兼職，最近基本薪資不也提高了嗎？

Q.我要再提一個更敏感的問題。前輩現在已經四十五歲了，不會感到不安嗎？現在要重新求職不容易吧？

A. 是啊，不過也只有現在才能過這種生活方式。我想趁現在跟太太去旅行、拍美照上傳到SNS跟大家炫耀，也想兩人悠閒地聊天、賴床、開車去兜風。這些事情看似微不足道，但等到體力衰退，要做這些事也就難了。

Q. 我呢，之前曾經去長期旅行，之後求職不順遂，所以過得很痛苦。前輩，你真的承受得住嗎？真的嗎？

A. 那不是因為妳想擁有跟過去一樣的年薪和條件嗎？我現在就算是在小公司領兩百萬元也可以，為了能有這種餘裕，之前五年間也很努力地讓自己能有兩百萬的月租收入。

Q. 最近有很多人離職、換工作，前輩怎麼看待這種現象？

A. 這種現象很自然，畢竟透過公司就能保障老年生活的時代已經結束了嘛。在這種情況下，有幾個人願意賭上人生，當個對公司效忠的人？我能理解韓國為什麼會有這麼多公考族（準備公務員考試的人），但我希望大家不要即興離職。雖然現在離職很容易，但要進入公司卻變難了，不是嗎？

Q. 不然要怎麼辦？不要離職，硬撐著繼續工作嗎？前輩自己都離職了。

A. 上班還能有什麼理由？不就是為了謀生嗎？我的意思是，假如現在手邊沒有錢，就不要意氣用事。我想奉勸大家盡可能找到新工作之後再離職，而且也需要管理壓支費（壓力支出費）。你有可能會在非自願的情況下離職，但這時手頭上如果沒有多餘的資金，就可能慌慌張張地進了壓支費變成兩倍的公司。當然啦，如果另有目標，或者像我一樣有計畫地準備離職，就會是不錯的選擇。

Q. 最後，前輩想對跟你一樣想離職的人說什麼？

A. 上班時認真工作，而下班之後就算嫌麻煩，也要把眼光放在準備離開公司或為老年做準備。週末時要累積新的經驗，試著尋找各種機會。這個世界搞得大家精疲力竭，因為要做的事變多了。不過人生是這樣的，比他人勤奮的人，失敗的機率就小，離職也一樣，如果想著「我要忍耐」就會很痛苦。因此，帶著好好離職的心態，按部就班地制定離職計畫為佳。

我原本以為，撐到最後一刻，

最後的選擇就是離職，

卻沒想過，當我的人生必須忍耐時，

我能做的，就只有離職。

第三章

工作與人
都想重置的
星期一

Chapter 1

散漫的拳法，
勝過強力一擊

*這篇文章所寫的，是下班之後，
我在高速公路上奔馳的公車上目擊的打架場面。
為了讓讀者輕鬆理解事件的始末，
我把其中一人稱為「燒酒大叔」，
另一個則是稱為「人蔘酒大叔」。

　　這場架是能預見的，因為一搭上公車，就有一股濃濃的人蔘酒氣撲鼻而來。「人蔘酒大叔」就坐在前面第二個座位上，帶著一臉醉意想和其他人互動。

　　「你們知道小孩子跌倒的成語是什麼嗎？」

　　沒人回答。隔壁的年輕女人戴著耳機，而對面的大嬸則是轉過了頭。說時遲那時快，大叔朝著經過的我說出答案：

　　「馬馬虎虎。」（媽媽呼呼）

我坐在最後面的空位上，也就是公車最後面的中間座位。坐下之後，我仔細咀嚼人蔘酒大叔的機智問答，覺得這個答案還滿有道理的。人蔘酒大叔完全不曉得自己五分鐘之後會遇到誰，持續說著乍聽之下很無聊，細聽卻滿有一回事的問題。

「燒酒大叔」是公車上高速公路之前上車的。兩人一碰面就迸出了火花。搖搖晃晃地走過中間走道的燒酒大叔，以及坐在座位上，身體卻有一半跑到走到的人蔘酒大叔起了衝突。五、四、三、二、一，開打！

燒酒大叔	喂、喂，臭小子，灌了那麼多酒，就不要到處趴趴走！
人蔘酒大叔	臭小子？王八蛋！你知道我是誰嗎？敢用那髒嘴叫我臭小子？
燒酒大叔	髒嘴？這臭小子真的是！我才要說，你知道老子是誰，敢這麼囂張？
人蔘酒大叔	你就是個喝便宜燒酒的傢伙，我知道了要幹麼？
燒酒大叔	你看不起燒酒啊？大韓民國會這麼懶散，都要怪你這種人！懂嗎？

好精采喔。光是聽他們的說話聲，就覺得兩人應該已經揪住對方的領口了，但他們卻都緊緊地抓著把手。而且，兩位大叔從頭到尾都一直在喊：「你知道我是誰嗎？」但最後都沒說自己到底是誰。就在公車脫離高速公路，進入國道時，兩人的爭吵開始越演越烈。

燒酒大叔	他媽的！我一拳就可以把你打趴！你找死啊？
人蔘酒大叔	敢說這句話的，全都死光了！
燒酒大叔	這臭小子！老子今天就讓你用眼淚洗澡！

叮咚。燒酒大叔很凶狠地舉起拳頭，接著按下了下車鈴。雖然只是一閃而過的瞬間，但人蔘酒大叔的肩膀縮了一下。燒酒大叔見狀，忍不住咯咯笑了起來，而被假動作欺騙的人蔘酒大叔則生氣地展開反擊。他的屁股黏在椅子上，只有肩膀朝空中挑釁地一聳。

人蔘酒大叔	看我不宰了你！把你從頭到腳都踩個稀巴爛！
燒酒大叔	老子正覺得筋骨痠痛，這下正好，你就幫我踩個痛快！臭小子！給我下車！老子會讓你哭著叫媽媽！

就在此時，車門在燒酒大叔要下車的站牌前打開了，但兩位大叔的口舌之爭依然沒有停止。這時，已經聽到累了的司機先生大發雷霆：「兩個都下車，要吵下車去吵！」瞬間就解決了這場口舌之爭。「算你今天運氣好！」燒酒大叔邊說邊下車，而人蔘酒大叔也不示弱地回嘴：「嚇到夾著尾巴逃跑，樣子真難看。」嗶，車門一關上，公車上就像什麼事都沒發生一樣悄然無聲。

乍看之下這場架很搞笑，細究起來卻覺得很明智。架是吵了，但沒有人贏，也沒有人輸，沒人受傷，而且除了製造噪音之外，公車和乘客都沒有任何損失。這都多虧了兩位大叔沒有使出致命一擊，而是用散漫的刺拳（Jab）攻擊彼此。

我突然心想，職場生活不也是這樣嗎？相較於言行舉止穩重的人，成天散漫，只會出一張嘴的人，反而能在組織中撐更久；相較於一忍再忍，最後怒氣爆發的人，對於各種大小事情撇著嘴不置可否的人，比較不會被主管討厭。帶著負責的態度站出來的人，必須肩負沉重的工作量，但迴避責任，像是小跟班一樣站著的人，工作量卻不多也不少。

在毫無希望的組織生活中，相較於致命的一擊，有更多時候需要使用招式散漫的刺拳，畢竟公司不是靠一個人的挑戰和勇氣，而是靠眾人的妥協和順從運作。

♥ 整理今天的心情

今天，我也坐在辦公室的角落毫無存在感地工作，

並且整點準時下班，

但我很努力讓自己不要感到羞愧。

Chapter 2

下班後，
我想去無人島

 「讀完這個之後，就和我交換電話號碼喔！」

　　大學時，曾經收到一位男同學遞給我的紙條。身為實用音樂系的他，可能因為發現我念的是文藝創作系，又或者想要展現自己的幽默感和魄力，所以用如蚯蚓般的字體在皺巴巴的紙張上寫了上面那句話。看到那句話之後，我的腦中浮現了一個畫面，是當時上映的人氣電影《腦海中的橡皮擦》中一個路邊攤的場景。眾多畫面彷彿被橡皮擦抹去般模糊，但在那之中，我記得鄭雨盛說出：「喝了這杯之後，就和我交往喔！」之後，孫藝珍隨即露出讓燒酒銷售量輕鬆上升百分之兩百的表情喝下了酒。

我朝著給我紙條的男同學消失的方向望去，發現他和朋友們一起站著看我，都是修同一門通識課的臉孔。無論是當時或現在都很喜歡過時冷笑話的我，聽到教授說出無聊笑話時，也經常會捧腹大笑，所以他們似乎也期待我會開懷大笑吧。你們看錯我了，我可不是會被那種句子逗笑的人，更不想在他不是鄭雨盛，而我也不是孫藝珍的現實生活中做出會令人誤會的反應。我板著臉把紙條重新摺好，就像我從來都沒有打開它一樣。

　　如今回首，覺得當時很美好，因為如果不想和對方有任何連結，就大可不必如此。

　　在那之後過了十五年，我從早上睜開眼睛開始，到晚上闔上眼睛，總是和某個東西產生連結。訊息、訂閱通知、郵件、Kakaotalk等，無論願不願意，我都和它們連結著。

　　我獲得了便利性，卻失去了選擇權。我想起手中初次握著智慧型手機的自己，如果能回到當時，我想朝著自己歡呼「這世界真是美好啊」的那張嘴摑下去。

　　忘了從什麼時候開始，拜智慧型手機所賜，我得以體驗虛擬實境是什麼感覺。有很多時候，我會分不出自己是在公司

還是在家。明明已經下班坐在我家餐桌前了，卻覺得自己彷彿一直坐在辦公桌前。如果你有個熱愛使用群組聊天室的主管，那麼你肯定被強迫體驗過這種VR情境。「唯有離職才能下班」的心情，經歷過的人才會懂。

但幸好，二〇一九年七月十六日起開始實施「禁止職場欺凌法」，而網路上的知識百科如此定義職場內的欺凌行為。

> 「使用者或勞工在職場上利用地位或職權，逾越工作之適當範圍，對其他勞工造成身心之痛苦，抑或是造成工作環境惡化之行為。」

儘管標準和懲罰依然模糊，但如今下班之後，主管不太可能用個人通訊軟體指示超出負荷的工作，又或者以侮辱性的字眼斥責下屬了。儘管到現在仍有許多人不知道有這種法規，因此不分夜晚或週末，隨時在群組聊天室發送訊息。

我內心真的很想另外開個人聊天室，整理有關折磨禁止法詳細內容的連結給對方，同時強調「若對檢舉者或受害者造成不利，『可判三年以下有期徒刑或三千萬元以上罰金』的部分」。

事實上，我曾經幻想過像電影《腦海中的橡皮擦》一樣的愛情。假如當時我喜歡的男生用這種方式跟我告白，也許我會欣然給出與我相關的所有號碼。那是在我可以選擇讓誰進入我的日常生活的時期，但現在任何人隨時都可以霸占我的時間。儘管學生時代很窮，而且沒有智慧型手機，所以很不方便，但那時卻得以自行調節人生的重要瞬間與人。私人領域的部分，似乎也比現在更少意識到他人。

現在，偶爾我會希望能擁有「身在無人島」的時間。在每天總是和某處產生連結的世界生活久了，就會希望自己被丟到無人找得到的地方。在資本主義社會中，以被定義為勞工的身分生活的時間越長，就越迫切地想擁有我的時間、我的無人島。

傑出的科學技術創造了多種便利性，也帶來了眾多選擇權，但我相信，在未來，重視更傑出的技術、重視人的法律會把選擇權還給我們。

現在就是開始，一旦剝奪下班員工的時間，就必須處以五百萬元以下的罰鍰。若是搞砸他人的情緒，則應處以三年以下有期徒刑或三千萬元以上之罰金。

就這層面來看，我想叮嚀一下幾年前在小組聊天室中，在六小時內來回傳送五萬三千兩百字的組長：

❤ **整理今天的心情**

「看到這篇的話，就再也不要這樣做了喔。」

Chapter 3

豪邁地擺脫
「冤大頭」的命運

 「林組長好像把我當成了冤大頭。」

　　這是以前的同事泫雅曾經每天對我說的話，而每一次我都沒有作答，只露出尷尬又不失禮的微笑。在我看來，確實也覺得林組長經常對她頤指氣使。就拿幾個例子來說好了，林組長交代工作時會給泫雅更多的份量，而每一次她都有理由。她說，是因為泫雅工作效率佳，是整個小組最值得信賴的同事。只要泫雅遲到，林組長就會在大庭廣眾之下讓她難看，還會暗示說，其他經常遲到的員工會因此很剉。

泫雅已婚，而林組長未婚。林組長會對泫雅說：「下班後一起上美容院吧」「一起吃晚餐再回家吧」，還有「一起下班吧」等。星期一、二、三、四提出的無理要求，在星期五也會提出。假如泫雅面有難色，林組長就會很失落地說：「我們雖然只是同事，但外面不就是朋友了嗎？」當週末有急著要處理的工作時，林組長找的不是住在公司附近的員工，而是打電話叫泫雅上班，請她處理。看到林組長不找其他員工，只拜託自己這種事，泫雅雖然很煩躁，卻又沒辦法當面拒絕。

　　每個辦公室都有和泫雅一樣的人。他們帶著想做好工作的念頭開始做的事情，最後卻導致他們被大家牽著鼻子走，而我們會把這種人稱為「冤大頭」。曾經當過冤大頭的人就知道，冤大頭所承受的不便和辛苦，大家很快就會麻痺無感。在泫雅說要離職之前，大家都不知情，不，是大家都假裝不知道她有多辛苦。

　　我也曾經有過和泫雅相似的經驗，在各種場合被形形色色的人當成冤大頭對待。冤大頭的心情，冤大頭最懂；冤大頭的苦衷，冤大頭最知道。所以我試著分析了一下，在公司時，什麼時候會變成冤大頭。

1.無法區分好人、善良的人和有能力的人時

身為新人或剛換工作時，都會想努力當個「好人」，但「好人」也看時間和地點，而且「好人」和「善良的人」也不同，但在辦公室就有很多為了當好人而變得善良的人。

可惜的是，無情的公司會把善良的人與會工作的人分開來看，因此會少給善良的員工一塊糕餅，同時多給會工作的員工一塊糕餅，而且還是從善良的員工那一份扣掉的。

2.無法理解提出請求之人的原始本能時

請求並不是債，而是提出請求之人為達目的的手段，而我擁有要不要接受請求的選擇權。可是，有些人卻無法拒絕請求，一而再、再而三地答應對方。如果進一步詢問理由，他們就會說是感到很抱歉，如果再追問「到底是在抱歉什麼？」對方就會說，是怕對方會失望。

3.徹底被掏空，完全放棄的時候

這是指當事人講話結結巴巴，最後被毒舌無禮之輩當成標靶的情況。懶得應付對方、不想跟對方講話，或者放棄發表意見等情況反覆發生時，無禮之人就會擅自做出結論：「你就是個冤大頭。」

別感到沮喪，就算已經成為冤大頭，也可以豪邁地擺脫命運。冤大頭最具代表性的形象就是「你可以拜託他任何事的人」。為了擺脫這種形象，就必須「堅定地拒絕」。不過，就算是這樣，也希望你不要突然氣呼呼地對主管或老闆大呼小叫，畢竟生氣和拒絕是兩碼子事。

拒絕也需要練習。就我自己來說，在以前的公司工作時，通常會在用完午餐之後去咖啡廳，而每一次主管都說要猜拳，猜輸的人就要請付咖啡錢，或者是把信用卡全放在一起，由咖啡廳的員工挑選的信用卡主人來結帳，再不然就是在咖啡廳旁的遊樂場玩投籃機，輸的人就要請大家喝咖啡之類的。方法五花八門，但當時剛換工作的我經常是輸的那個，有時主管還會說：「今天也讓河鎔請喝個咖啡吧？」故意讓我掏錢付帳。

情況越來越尷尬，雖然一次付兩萬元左右的咖啡錢讓我很有壓力，但這件事也對工作造成莫大的影響。就跟要求我付咖啡錢的情況一樣，主管不是給我比較多的工作，不然就是可能看到我毫無怨言地乖乖付錢，所以覺得我很好欺負吧，就算我表示意見，他也不聽我說完就指責我。還有就像主管拿只有他擅長的投籃遊戲來打賭般，他對自己不懂的內容會一概忽略，碰到自己知道的事情就會堅持己見。

我看起來好欺負，並不是因為付咖啡錢這件事，而是即便我處於左右為難、不自在的情況下仍無法拒絕，日積月累所造成的。於是我開始從小事拒絕對方。

「我先回去了，因為我沒錢。」

用完午餐後，我朝著主管走向咖啡廳的後腦杓如此說道。當時他以一副很無言的表情回頭看我，但我只露出微笑，向他點了一下頭就回辦公室了。

一個人獨自走回的路上很涼爽，又讓人有些緊張，但在我啜飲辦公室的免費咖啡，自由地度過剩下的午餐休息時間後，我只懊悔自己怎麼不早點拒絕。

之後，「打賭請喝咖啡」自然而然地消失了。大家只是沒有說出口罷了，但這對月薪少得可憐的上班族來說都是種壓力。尤其看到繼我之後，接二連三地直接回辦公室的人增加，更覺得是這樣。

「你人好好。」

「你好善良。」

「跟你相處很自在。」

這些都是在公司時，不必努力從他人口中聽到的話。

Chapter 4

畢竟拒絕很難

 關於拒絕，我還有話要說。

職場生活始於拒絕，也以拒絕告終。我很努力避免被想進入的公司拒絕，只是最後公司還是告訴我，往後無法繼續共事，拒絕了我。認真說起來，何止是職場生活呢？

拒絕的觸角遍及我們人生中的每個層面，在家人、朋友、男女朋友、同事等各種交織的關係中，讓人不便的請求乃是家常便飯，因此，拒絕是必需的。

越習慣拒絕，我能做的選擇也跟著增加。那麼，該怎麼做才能對拒絕習以為常呢？

1.覺得好像不太對，那就一定不對

任誰看了都覺得很強人所難的請求，但有人就是可以笑臉滿面地提出請求。此外，還有人提出強人所難的請求，卻大言不慚地談論人際關係。就像前面說的，所謂的請求，是請求之人為達某種目的的一種手段，因此，選擇權在於我。無論對方是笑臉或臭臉，我都有拒絕的權利。

2.決定要當機立斷，拒絕要慢條斯理

拒絕讓人感到為難的請求是對的，只是，如果不想和請求之人的關係變尷尬，就不要立即拒絕。「我先想一下。」「我確認一下。」「我討論一下。」留下你慎重考慮過請求的印象，誠心誠意地拒絕吧。就算沒有立刻拒絕，對方也很可能會先做好心理準備，並物色其他人選。不過，我希望你也不要太晚拒絕。

3.以拒絕結束的關係，遲早都會結束

有些人會對拒絕感到抱歉，但與其不拒絕對方而造成自己後悔，心懷抱歉還是比較好。如果關係會因為拒絕而惡化，

那麼趁此機會做個整理也很自然，畢竟拒絕的並不是關係，而是請求。

4.不必感到抱歉，假裝感到抱歉就好

如果擔心對方會失望，那就「假裝感到抱歉」吧。這裡要注意的一點是，不能真的打從心底感到抱歉。因此，盡可能避免直接提到「對不起」這幾個字。「太可惜了，我也很想答應。」「希望能順利解決。」等說法就不錯，因為拒絕不代表你虧欠對方什麼。

5.拒絕時，試著說服對方

不是只有請求之人才需要說服對方，被拜託的人也可以說服對方。與「說服」相關的書籍無數，教的都是讓對方無法拒絕的方法，但我們可以反過來使用這個方法來說服提出請求的人。閱讀這類書籍就知道，裡面會談到無數技巧，包括讓對方產生欠人情的心情、先拜託再說、形成共鳴帶、利用拒絕的理由來說服對方等。我們就反過來利用這些技巧吧。

不知道你有沒有聽說過，如果請求時說出「因為」這兩個字，被拒絕的機率就會降低？心理學家艾倫・蘭格（Ellen Langer）曾在一九七八年做了與讓步相關的實驗，她用兩

種不同的說法詢問在圖書館影印機前面排隊的人，拜託對方讓自己先使用影印機。

①「不好意思，我現在要影印五張資料，能不能讓我先用呢？」

②「不好意思，我現在要影印五張資料，能不能讓我先用呢？因為我現在有急事。」

結果怎麼樣呢？使用第一種說法時，對方讓步的機率是百分之六十，用第二種說法時，對方則有百分之九十四的機率會讓步。如同這項實驗的結果，「因為」這個字眼會使對方認為答應你的請求是正確的選擇。

過去有個同事就非常了解這種心理，她每次都會用這種方式拜託我。

「河鏤，妳明天早上能不能替我寫每日報告？因為我明天早上之前要完成報導資料。」

「河鏤，這週末的活動啊，妳可以代替我去嗎？因為週末

是我爸媽生日。」

「河鏤，今年的暑期休假啊，可不可以跟我的日期對調？因為只有那時才有機票。」

但是，「因為效果」對我並不管用。

「我不確定耶，因為我有個企劃案要在明天早上之前繳交。」

「我可能沒辦法去，因為我爸媽也是這週生日。」

「我可能有困難耶，因為我要買的機票也是那時候最便宜。」

❤ **整理今天的心情**

拒絕很困難，
因為，每個人都有各自的苦衷。

Chapter 5

星期日上班，
就能緩解星期一症候群？

 「如果你有很嚴重的星期一症候群，
可以試著在星期天到公司做星期一的工作。」

幾年前，有位記者在新聞結束提出「星期一症候群」的解決之道。記者說，這件事取決於認知，並指出問題在於，大部分的上班族都把星期日想成是平時工作壓力的補償，所以星期天的作息會很不規律。記者同時主張，我們不該把星期日當成「一週的結尾」，而是視為「一週的開始」。就算是這樣好了，竟然叫大家從星期天就開始上班，這真的是解決星期一症候群的方法嗎？記者在推特上也說，「能夠工作本身就是一種祝福」，並再次強調「我們要改變對星期一的認知」。

不久後，某家報社公布了觀眾和網友看到「靠星期日上班來解決星期一症候群」這則新聞的反應。大部分的人都是冷嘲熱諷及覺得傻眼，而有則留言至今仍讓我印象深刻。

「那如果要避免節日症候群，平時也準備祭祀桌就行了。」

總之，我並不同意這種做法，但並不是因為不相信專家建議的解決方法，而是因為我自己就親身試過。畢竟我也曾是個就連星期日都要上班的上班族。

我曾在公營企業的宣傳室負責製作月刊。就跟所有雜誌一樣，截稿是針，而加班就是線。隨著截稿期限的逼近，晚上和週末加班成了家常便飯，尤其是碰到必須在隔週的星期一早上把資料寄給印刷廠，才能趕上雜誌發行日的行程時，就連星期日都得跑到公司加班。不知道你有沒有見過驛三洞冷清的街道？好奇的話，可以在星期日親自跑一趟。置身於靜悄悄的水泥森林，身體就會忍不住蜷縮起來。

可能是因為看了太多電影，我總覺得殭屍好像會從哪裡冒出來。接著，當我冷不防地撞見建物映照出我那毫無血色的臉孔時，就會忍不住天馬行空地想像，或許這條街上的殭屍就是我。

從星期天就開始上班，對星期一的抗拒感就會降低。人呢，只要沒有思考的閒暇，就能如機器般運作好一陣子，可以上班、工作、吃飯、下班、睡覺，接著再次去上班。我曾經一、二、三、四、五、六、日、一、二、三、四、五一口氣上了十二天的班，吃驚的是，我的生活節奏變得很規律。

但人畢竟不是機器，沒有思考、情緒中斷、缺少偶然性的生活沒辦法支撐太久。畢竟運轉時間拉長時，機器才會變燙，人卻從一開始就如火焰般熾烈。

當時我連向公司表達不滿的時間都不夠。我以為，只要無法思考，想法就會自然地消失不見，可是無法消除的不適感卻累積在內心的角落，最後如香檳般徹底炸開。記得當時我有半張臉都麻痺了，我還得為了截稿而加班。當然前輩們都叫我先回家，但我的身體卻無法離開座位，心也無法輕易就離開公司。

當時，把自己打造成機器的人是我自己。儘管到最後身體的疼痛感加劇，淚水也頓時如洩洪般狂流不止，但我的目光依然鎖定在校對稿上頭。還有，這件事成了日後我在短時間內果斷決定離職的契機。

「要知福惜福。」

在競爭激烈的社會中工作賺錢，可以不由分說地就認定這是一種祝福嗎？

我們把他人的話看得太重，並做出了結論：我們好不容易才找到工作，但我們會覺得辛苦與不幸，是因為自己太過懦弱。還有，每個星期日會這麼痛苦，是因為愚昧的自己不懂得轉念。最後，我們會認為老是想擺脫這份祝福是一種負面的想法。

星期一症候群的出現，並不是因為星期天放掉了緊張感，而是一種即便日復一日地上班，仍無法描繪出未來所衍生的不安感，也是對「我應該繼續過這種生活嗎？」的不確定性提出的疑問。

相較於「祝福」，在公司上班賺錢似乎更適合「機會」這個字眼。我們可以把這個機會當成謀生工具，為了出人頭地的珍貴經驗和動機，也能視為尋找適合我的工作的過程。

在把人才視為資源的國家中，提出解決星期一症候群的方法，不應該是鼓勵上班族在星期天上班，而是促進大眾交通

的發展，以縮短上班族上下班的時間，打造根據情況不必出門上班，而是在線上執行業務的工作環境，以及隨著壽命的延長和醫學技術的發達，廢除退休制度才對，不是嗎？

♥ 整理今天的心情

二○七四年四月的某個星期日，

在結束我的八旬壽宴，躺在床上休息的晚上，

我希望自己做著這樣的煩惱：

「我明天不想上班，不然來請個休假好了？」

Chapter 6

從獨自吃飯
獲得歸屬感

 「四名上班族中，就有一名是獨自吃午餐。」

　　這是某求職網站的問卷調查結果。他們詢問獨自吃飯的上班族：「你為什麼要一個人吃飯？」結果，「一個人吃飯比較自在」的回答占了51.1%。如今有許多上班族認為，午餐時間即是個人的時間。

　　就拿我們小組來說，直到三年前為止，「獨飯」這件事仍需要鼓起勇氣，但如今「獨飯」成了個人選擇。有人是因為自己想吃麵包，有人則是自己帶了便當，也有人不吃午餐。還有人會去健身房、去補習班、閱讀等，利用這段時間來自我提升。

此時我人在公司附近的麥當勞，一邊喝咖啡，一邊寫這篇文章，但我喝的不是「冰咖啡」，而是「一千元的冰塊咖啡」。現在剛好十二點二十五分，接下來還有半小時可以寫作。如果肚子餓，我打算在回辦公室的路上買個麵包。

閱讀這本書的讀者，可能會初次萌生羨慕我的念頭。因為就像前面提及的，至今四名上班族中仍有三名不是獨自吃飯，而且其中也必然會有身不由己、無法獨飯的人。

上班族把時間交給公司，依此領取薪水，並透過簽約稱呼彼此為甲方、乙方。有一方貌似占了上風，但認真說起來，雙方的處境是相同的。上班族靠著在公司工作賺錢，公司則是利用員工的勞動力賺取更多的錢。無論是公司或我，都是為了混口飯吃，可是公司卻要求員工要有合約書上沒有的歸屬感。

所謂的歸屬感究竟是什麼？按照字典的意思，是指「自己屬於某種團體的感覺」。那麼，感覺是什麼？我找了一下字典上的意思，是「身體的感受，或者藉由內心領會的氣氛或情緒」。那麼，氣氛和情緒又是什麼？想必大家都很清楚，因此我就不翻字典了。

感覺、氣氛、情緒都屬於我，由我來決定如何感受、如何接受就行了，可是公司卻要求員工產生歸屬感。歸屬感越強，熱愛公司的心就越強烈，公司說，這將有效提升生產力和勞動力，並企盼整個組織能團結一心。

以自由工作者的身分任職於一家教育公司時，當時的老闆經常舉辦活動。與員工家屬一起在週末觀賞電影、與員工家屬一起參加體育大會、早上七點幫助員工自我成長的名師講座、每天早上全體員工集合做體操、午餐時間全體員工在大禮堂一同觀賞樂團演出等，多虧了這些以員工福利知名舉辦的活動，公司曾獲選為最適合工作的企業。

「我會思考，該怎麼做，才能讓我們員工幸福地工作。」

老闆帶著和藹微笑對我說出這句話的表情，至今仍歷歷在目。儘管當時我露出微笑，以充滿讚嘆的表情回應，另一方面卻很訝異。因為我很好奇，會有員工因為老闆的苦惱而變得幸福嗎？

要不了多久，老闆追求的「幸福」露出了真面目。記得那是星期一早上七點開始的名師講座時間，當時兩百多名的員

工在大講堂集合，聽著有關創意靈感的演講。對負責企劃內容的我來說，這段時間讓我獲益良多，但不是說有幫助，它就不無聊乏味。

「是誰在演講時間看手機？」

演講結束後，老闆握住了麥克風，問了這麼一句。前因後果是這樣的。總是坐在最前面的老闆，那天卻剛好坐在最後方。他原本是想透過一覽無遺的視角來觀察員工，沒想到坐在後方之後才發現，先前看不到的可惡行徑全映入了他的眼簾，包括有員工不斷點著頭打瞌睡，有員工在竊竊私語，還有員工在滑手機。他一時雷霆大怒，特別點出滑手機的員工訓誡了一番。

「如果是有歸屬感的員工，就不會做出這種事了吧？公司為各位提供的每項福利有多珍貴啊？你們是身在福中不知福。」

沒錯，老闆所思考的幸福，全是為了自己。

上班族隸屬於公司，但公司生活卻只是每個人生活的一部分，因此，公司在我的人生中扮演何種角色、具有何種意義，是由人生的主人，也就是我來決定。

工作是一種維生手段，能為內心帶來安定感，或是促進自我成長，這些都不是由公司賦予的，而是由管理人生各個領域的我來做選擇。還有，有些事是老闆們所不知道的。相較於認為「我隸屬於公司」的人，相信「公司隸屬於我的人生」會對工作擁有更強的責任感，對公司也懷有更高的主人意識。因此，希望老闆們別對主張獨自吃飯的員工大談什麼歸屬感，因為唯有透過獨自吃飯來體會歸屬感，午餐時間結束後，員工才會更認真地處理隸屬於自己的工作。

工作結束後，我曾與教育公司的老闆有過幾次聯繫，每一次我都很猶豫該不該說這句話。現在，我就趁寫這篇文章鼓起勇氣吧，但這並不是因為我對每次都一副好像會給我工作的老闆懷恨在心，而是以身為在那間公司工作，卻不曾感到幸福的過來人說出的真心話。

「老闆，『福利』在字典上的意思是『幸福的人生』，

那麼，『員工的福利』是什麼呢？

就是『員工的幸福人生』。

至今您所做的，似乎都是『老闆的福利』。

您真的希望員工能夠幸福地工作嗎？

那就請試著與員工一起思考吧。」

乍看無謂，
卻**有利於職場生活**的事

Chapter 1

無謂的問題
也具有力量

 「一群毛頭小子來了耶。」

　　二十幾歲在報社上班時，我曾經訪問一位大名鼎鼎的元老級小說家。因為小時候就對他的作品留下了很深刻的印象，因此我懷著私心準備了訪談內容。儘管報導主題和作家的作品無關，但我仍重新讀了作品，也將幾年間他出現的報導都仔細讀過，就連當天客戶的報導就要截稿，我卻連碰都沒碰。我帶著偏愛之心，對作家的訪談不遺餘力。

　　可是訪談的當天，我才剛把訪談大綱和錄音機放在桌面，元老級小說家就一把抄走訪談大綱，說出了上頭那句話。他

口中的「毛頭小子」，也包括了三十出頭的攝影師前輩。當攝影師為了拍攝作家接受訪談的樣子，提出「老師，麻煩您把身體稍微往右邊轉一些」的要求時，作家也完全不為所動，只說：「我會按照順序回答這些問題，還有照片拍自然點就行了。」

有別於只是新人的我，前輩似乎對這種情況感到備受羞辱，我可以看到在鏡頭後面的前輩稍微皺了皺眉。我認為這種無禮的情況是身為負責記者的我造成的，所以非常緊張。偏偏當年我沉迷於打耳洞，所以兩邊耳朵上掛了六個晃來晃去的飾品，而且又很喜歡穿幾何圖形設計的服飾，儘管只是短短的兩秒種，但攝影師似乎閃過了「嘖嘖，最近年輕人啊」的眼神。

那天，前輩和我就像是被晾在一旁的布袋般，被元老級的小說家玩弄於股掌之上。但是，訪談結束後，作家聽到記者請他擺出拍照姿勢時，在大家面前彷彿自言自語似的說出「到底為什麼要派這群毛頭小子來？」好像不太恰當。這時，我認為有必要提出訪綱上沒有的問題。

「老師，我們為什麼是毛頭小子呢？」

而他就像什麼大風大浪都見過的人似的，毫不動搖地如此回應：「很蹩腳啊，一點都不專業。」

　　我也不肯服輸，又丟出了其他問題。

　　「老師，我現在只有二十五歲，但等到幾十年後，我到了您的歲數時，不也能成為專業人士嗎？」

　　他以咯咯的笑聲代替回答，接著依照攝影師的要求做出了姿勢。有很長的一段時間，我都誤以為那件事能順利結束，都是拜「我的開朗」所賜，可是過了一段時日再回首，我才領悟到當時元老級的小說家沒有再說出令人不快的話，是因為「提問」促使他把個人情緒放在一旁。聽到「等我到了您的歲數時，不也能成為專業人士嗎？」之後，他意識到自己應該做出何種專業的舉動。

　　不知道實情的我，日後在訪問長輩時，還傻傻地故作開朗活潑、清純可人，而這些過去猶如指甲中的汙垢，讓我恨不得將它們摳出來，彈到一旁。

　　過去有部紀錄片曾召集一群記者，並給他們看有關如何提問的影片。他們看到的影片是二〇一〇年的首爾G20

（Group of 20，簡稱G20，由世界主要的二十個國家組成的國際組織）高峰會閉幕式時，美國前總統歐巴馬在記者會上的樣子。影片中的歐巴馬總統在談論各種話題之後，向記者們如此提議：

「我想讓韓國的記者們擁有發問權，因為身為舉辦國的韓國扮演了非常傑出的角色。」

如他所說，當時的G20高峰會是在韓國舉辦，當然在座也有許多韓國記者。我原本以為，大家很快就會此起彼落地舉起手來，結果影片卻安靜得令人窒息。這時歐巴馬補充，有口譯會幫忙，因此就算不用英語發問也沒關係。過了一會兒，一位記者很有魄力地以英語問道：

「不好意思，讓您失望了，我是中國的記者，我可以代表亞洲發問嗎？」

歐巴馬總統表示，希望再給韓國的記者一次發問的機會，可是卻沒人開口，而中國記者就這樣以亞洲代表的身分，獲得了在韓國召開的國際活動中發問的機會。透過影片看到這一幕的韓國記者們，彷彿置身現場一般，露出了呆若木雞的表情。

學生時代的我們，為了尋找在考試卷上的題目答案，包含大學在內，一共讀了十六年的書，大學畢業後，又為了成為公務員而準備其他考試。率先成功求職之後，則又為了尋找公司出的題目答案，忙碌地奔向公司。

我們就是這樣，相較於發問，更習慣於尋找正解。人類原本天生就具有這種傾向，而且如果大家都這樣生活，肯定就不會知道，在韓國人的人生中，都是走一種沒有任何提問，像隻無頭蒼蠅般徘徊並尋找既定答案的模式，所以才會演變成讓大家在國際場合上看到「韓國人是拙於發問的民族」的場面。

倘若是在二〇二〇年發生這種情況，那會怎麼樣呢？所謂十年江山移，如今記者們必然不會錯過發問的機會，只不過大家爭相恐後地發問的混亂畫面，大概也不太可能出現。

還有，置身特定場所時，發問依然不是件容易的事，而那就是公司。很奇怪，上班的時間越長，大家就越不想發問。我推測原因可以濃縮成三大類：

1.要是問錯問題，可能會顯得自己一無所知。
2.要是問錯問題，可能要承擔更多工作。
3.要是問錯問題，可能會被主管說一頓。

大部分的人都擔心發問會造成「負面效果」，而這種擔憂反而更容易造成「扼腕不已」的情況。一旦習慣尋找並接受被證實的正解，而不是發問，碰到人生無數決定性的瞬間，就會做出與體內隱藏的信念相反的選擇。此外，即便是在後悔決定的那一刻，也會依賴他人，或者是接受其他錯誤解答變成正解。

但是，只要稍微鼓起勇氣，就會發現「發問」具有排除危險要素的正面效果。

認知心理學家金景日教授曾在一場演講上闡釋「如何使發問的危險要素最小化」的方法，並提出情境來加以說明。假設，上班時發現主管的心情非常惡劣，可是手邊剛好有文件需要主管批准，大部分的人都會因此退縮，認為這不是請示主管的好時機。但金景日教授建議，碰到這種情況，員工反而更應該一邊遞出文件，一邊詢問：「部長，您昨天發生什麼事了嗎？」那麼，主管就會瞬間將情緒抽離。這是因為，如果在這情況下發火，主管看起來就會像是在故意找下屬的碴。多年前訪問的那位元老級作家，似乎也是因此才沒有做出其他無禮的舉動。假如在二〇一〇年的首爾G20高峰會閉幕式上，有某位韓國記者向歐巴馬前總統提出了乍看很沒用的問題，那會怎麼樣呢？

「除了炒牛肉拌飯之外，您認為最美味的一道韓國料理是什麼？」

那麼，「歐巴馬推薦菜單」這個關鍵字，不是能為大韓民國觀光產業帶來一點助益嗎？

♥ **整理今天的心情**

最近，當歌手羅勛兒大叔拿起麥克風唱歌時，

歌詞中的提問，都是向著同一個人。

「拉底大哥！世界為什麼變得這麼痛苦？」

「拉底大哥！蘇格拉底大哥，愛情又怎會是這模樣？」

我也有件事想請教拉底大哥。

「拉底大哥！職場生活為什麼這麼痛苦？」

Chapter 2

無謂的感動
帶來的效果

 不久前，我得知了有種賀爾蒙叫做「強啡肽（Didorphin）」。

　　說起這種荷爾蒙，據說它的效果要比治療癌症、消除疼痛的腦內啡好上四千倍。雖然活到一百歲這件事很令人害怕，但我希望至少能帶著健康的身體去上班。所以，與其不知道要等到何年何月才能開發成功的新藥品，我決定要幫助我的身體分泌強啡肽。

　　我研究了一下，發現人在大受感動時，體內會分泌強啡肽，比如說聽到悠揚的歌曲、優美的景色、領悟新的真理、

無法自拔地墜入愛河等。因此，在星期一情緒麻痺、怒火中燒的上班途中，我為了「分泌強啡肽」做出了幾項努力。

1.善用同理心

我打開玄關大門，準備去上班。由於我住的是長廊式的大樓，一打開門就會接觸到外面，每棟大樓的棟距很窄，因此對面大樓的客廳也一覽無遺。在眾多住家之中，一名蹲在陽台角落抽菸的中年男子映入了眼簾。換作是平常，我一定會打電話到管理室檢舉，但今天我卻忍不住想，或許那個男的是有什麼辛酸的故事吧。家庭的重量何其重啊？二〇〇〇年初期，我父親碰到有無法向家人道的鬱悶時，也總是穿著老舊破爛的運動背心和四角褲，在陽台上抽菸。在這時間，身為一家之主卻無處可去，只能垂著肩膀在陽台抽菸的模樣，使我的心中產生一股溫熱的感覺。我的父親，現在也跟那男人一樣，在適應群體生活應遵守的禮儀。

只不過，我覺得還是要檢舉那個男人。

2.想像離去之人的心思

我朝著即將關上門的大首爾公車奔去，我那彷彿在求救的手，以及關上的公車玻璃門很驚險地碰在一起。都這樣了，司機先生應該會心軟，並且替我開車門才對，但今天大概是

由一位非常嚴格的司機駕駛的吧。即便聽見我迫切地呼喊：「司機先生！」同時慌張地拍打車門，他依然充耳不聞。眼見公車駛離，我默默地流了兩滴淚，並領悟了一個新的真理——無論是變心的戀人或充耳不聞的司機，都是留不住的，會離開的人終究會離開。我只為所有真理並非都是感人肺腑感到遺憾。

3.與世界斷絕

我搭了下一班公車，不僅沒有座位，還碰上了塞車。再這樣下去，我心中的火山可能會在我檢討京畿道的大眾交通有哪些問題時爆發。但我不能任由這件事毀了心情和健康，因此我決定聽點音樂，讓身體分泌強啡肽。我戴上耳機，播放能為心靈帶來平靜的音樂，接著閉上眼睛，在腦中想像與音樂相符的翠綠田野。慢慢地、慢慢地沉浸在裡面，可是我卻沒辦法全然投入。暈車暈得太厲害，所以胃不停在翻攪，直到我都快吐出來了，才總算抵達捷運站。我也再次確認了，雖然優美的音樂能有效帶來身心平靜，對於暈車卻是毫無幫助。

4.欣賞美麗及惹人愛的人事物

我憑著快速的決斷力和行動力在捷運上坐了下來。我做了個深呼吸，讓翻攪的胃腸得以平復下來，然後不小心和坐在

隔壁的小寶寶四目相交。白皙的皮膚、澄澈的眼眸，甚至嘴角上沾著的餅乾碎屑都如此惹人憐愛。我忍不住莞爾一笑。也許這次我的身體真的分泌了強啡肽，但這時小寶寶卻看著我嚎啕大哭。很奇怪，小寶寶都討厭我。根據姪子的現身說法，他說自己開始隱約懂得區分漂亮的人事物時，曾經很討厭「皮膚很黑又很醜的姑姑」，可是到他懂得看人品的年紀時，卻對這份記憶感到十分抱歉。總之，我嘗試讓自己墜入愛河的努力也失敗了。

5.靠重刷影片創造感動

嚎啕大哭的小寶寶在我收回眼神後便安靜了下來。我無所不用其極地想在上班的途中創造感動，最後決定觀賞儲存在手機的電影《高年級實習生》。在這部電影中，我最喜歡的場面，就是退休之後過著枯燥人生的主角班，為了成為實習生，因此拍攝訪談自己的影片。我已經看了好多次，但今天格外覺得這一幕很哀傷，尤其聽到「能做的，我全都做過了」這句話時，不由得落下淚來。大概是因為眼看我就要抵達公司，而我能做的全都做了，卻還是無法創造任何打動內心的感動吧。

大約有一個月的時間，我為了創造讓身體分泌強啡肽的感動情境，耗了許多無謂的工夫，最後明白了所謂的感動是無

法靠計畫得到的。還有，真正的感動會在意想不到之處蹦出來，好比說我在工作壓力下嘗試把燒酒加入拿鐵咖啡，還有看到總是對員工頤指氣使的老闆，為了怕自己被擠掉，因此在公開的場合上垂著頭的孬樣，以及我坐在公司大樓外頭發呆，偶然看見天空出現晚霞的時候。

體驗之後發現，無謂的事物帶來的感動還挺有效果的，因為它們使我更常忘記自己是個焦慮不安的上班族。

♥ 整理今天的心情

只要稍微轉個頭，

稍微定睛看兩眼，

把想法稍微清掉，

就能感受到福至心靈的感動。

Chapter 3

無謂髒話的副作用

 我「好像」滿會罵人的。

工作時，難免會碰到怒氣直衝腦門，想一股腦地說出要立刻離職，並打包個人物品走人的時候。這時，我就會在口中塞滿巧克力，盡可能壓低音量說：

「ㄍㄢ燥花的無禮Garbage，世界上獨一無二的King八蛋，真恨不得把你連同Gene都喀吱喀吱嚼爛！」

但是，以極度不精準的發音、微弱的音量，以及蠕動的嘴

型說出的模糊碎念，卻被對方給聽見了。當對方以「妳是在罵我嗎？」的懷疑餘光看我時，我就會往嘴裡塞入更多巧克力，並哼起歌來。

都三十五歲的人了，還做出這麼幼稚的行為，只是因為我想無痛工作。有人可能會問：「再怎麼說都是大人了，怎麼能隨便罵人？」那我會回答，因為這對「緩和疼痛很有效」，我是說真的。

英國基爾大學和中央蘭開夏大學的研究團隊指出，「罵髒話」能消除疼痛。研究團隊召集了不同國籍的申請者，將他們分成兩組之後，要他們把非慣用手放進冰水中。這時，他們允許其中一組罵髒話，但另一組則是要求他們不得說髒話，就連粗俗的字眼也不得使用。結果，說髒話的那一組撐了一分十八秒，不能說髒話的小組只撐了四十五點七秒。換句話說，罵髒話的人更能承受痛苦。

但是，這種有效的髒話自然也會有副作用。以前不是有過這樣的狀況嗎？當你沒有時間限制，能盡情地辱罵同事、主管或公司時，心情卻比罵他們之前更低落了。明明之前躲在廁所偷偷罵一下人，或者邊吃午餐邊罵個兩句時都會覺得很爽的。這就是罵髒話美中不足的副作用。無論是藥物或髒

話，一旦濫用就會很危險。尤其是在缺少罵人對象的地方，說出高強度的髒話，就與無論朝哪個方向丟出去，最後必定會回到我身上的迴力鏢相似。

♥ 整理今天的心情

想讓髒話徹底發揮效果，

平時就要避免說出無謂的髒話。

這不是叫大家忍耐，而是要養成節約的概念。

罵人也會產生抗藥性，

因此，為了擁有痛苦程度低的職場生活，

需要「搭配天時地利人和的適量髒話」。

Chapter 4

無謂行程的持續性

 「放棄『放棄』的力量，來自於熱情？？？？？？」

　　我在替老闆擬演講稿時，連續打了好多個問號。企劃或文章寫久了，總會碰到必須寫出言不由衷的話，或者強力推薦我絕對不會付諸行動的事。好比說我在寫有關「健康飲食」的報導時，自己卻狼吞虎嚥地吃著御飯糰和泡麵，或者明明每天都拖到最後一刻才起床，可是我卻寫了大力讚揚「晨型人」的企劃，不然就是在我連放棄都懶的時間點上，卻把「放棄『放棄』這件事的力量，來自於熱情」這種詭異的句子放到文章裡。

可是今天我卻很好奇，所謂的熱情究竟是什麼？究竟為什麼公司要燒掉這麼多熱情，為什麼主管和大老闆都會對「熱情」這個字眼這麼執著？

不知道從什麼時候開始，我對工作的熱情徹底冷卻了。剛開始我以為只是暫時厭倦了，可是在進行新的專案時，我也要死不活的。是因為相較於勞動量，待遇和報酬少到荒謬的緣故嗎？但我也這樣工作了十年。我只夢想過要中樂透，卻不曾想像自己在夢想中的公司數大鈔。究竟是為什麼？經過長時間的思索，我找到的答案是這樣的。

是因為「隨便消耗熱情所致」。

小時候，「熱情」經常變成某人下指導棋時的台詞，像是「你要認真念書」「你要認真工作」「你要認真生活」。爸爸、媽媽、親戚們，甚至是在路上不小心對上眼神的大人們，都會強調「認真」這兩個字。我們學到的是，無論什麼事，只要竭盡熱情認真去做，就一定會成功，而我也因此現在每天要花往返兩個小時半通勤，一天平均坐在辦公桌前面工作九個小時。

不久前，有人送了我一本《熱情的背叛》。閱讀這本由喬

治城大學資訊科學系的教授卡爾‧紐波特所寫的書時，我想起了電影《熱情？我聽你在鬼扯》。作者主張，把熱情一股腦地傾注在工作上很危險。此外，「只要擁有熱情就無所不能」這種毫無根據的盲目相信，反而會導致對工作的滿意度降低。作者同時建議，熱愛自己的工作，靠的不是熱情，而是具備實力，要追求的不是地位，而是自律性，並且要著眼於小處，行動則要大刀闊斧。啊，他的建言看起來就和熱情一樣不容易，但書中蘊含的訊息卻深得我心。

「熱愛的工作，靠的不是尋找，而是親自打造。」

作者說，為了找到熱愛的工作，必須經過嘗試與失敗。可是這樣的過程重複久了，找到合適工作的機率就會變得更低。反倒是認定我的工作具有價值，持續地去做時，這份工作更可能成為自己熱愛的工作。因此，與其投資過多時間在尋找熱愛的工作，更應該集中在目前從事的工作。

逐步逼近四十歲的現在，有時我會覺得被過去相信的熱情所背叛。或許對工作漸失熱情，也是理所當然的吧。

我現在做的是自己熱愛的工作嗎？這裡能讓我做熱愛的工作嗎？沒有半點熱情，又或者熱情很容易就消失殆盡，就代

表這份工作不適合我，不是嗎？要求不合理的熱情，讓我三不五時就心生懷疑。

　　如今我明白了，工作需要的不是熱情，而是按部就班。就像跑馬拉松時，按照一定的速度和呼吸奔跑的人，要比從一開始就傾全力狂跑的人更有利，也許相較於工作時燃燒所有的熱情，按照時間表逐步完成工作的上班族，壓力也會比較小吧。我試著把尚未完成的老闆演說稿改成這樣：

　　「放棄『放棄』的力量來自於熱情，而放棄熱情的力量，同樣來自於熱情。」

❤ **整理今天的心情**

當然，我是不會這樣交出稿子的，
因為它可能成為我放棄與公司再次簽約的熱情。

Chapter 5

無謂的懷疑，
也有其必要性

 明明先提要分手的人是我。

是因為男友劈腿了。他先是把我第一次帶他去的餐廳介紹給那女生，讓那女生坐在我送給他的汽車椅套上，後來還用我的筆電預約要跟那女生一起去的度假別墅。知道這一切後，我向他追問，他卻沒有任何回答。這表示他默認了，而我甚至沒有聽到他說一句「對不起」。可是不久後，先聯繫的人卻是我。

「你真的打算跟我分手嗎？」

我沒有收到回覆，更扯的是，在這之後，我為了找出我們之間究竟是從哪裡開始出錯的，好幾天夜不成眠。現在回想起來，我犯下的失誤就是對那段戀情太有把握。我自信滿滿地以為，好幾年跟著我屁股後面說喜歡我的男人，不可能輕易地就背叛我，所以我沒有一絲懷疑。儘管我發現男友聯繫的次數逐漸減少、經常取消約會，還有就算見面了，兩人之間也瀰漫一股尷尬的氣氛，我仍否定這件事並告訴自己：「哎呀，不會吧。」

　　我雖然不想對這段戀情亂扣帽子，但懷疑卻一天比一天加重。我很努力避免自己看圖說故事，疑心病卻變重了。在公司也是這樣，當我聽到主管說：「只要順利完成這次的工作，就會發生好事」時，聽到同事說：「妳在這裡工作太可惜了」時，還有客戶說：「因為能信任的人就只有妳，所以才會這麼晚打電話給妳」時，我再也不會被他們的甜言蜜語所迷惑。

　　有別於這樣的我，共事近一年的組長是個極度有自信的人。組長甚至會公然說出：「要是少了我，公司和小組就會無法運作，因此，我就算犯點小錯也沒關係，因為公司會替我說話。」而實際上當他和下屬之間發生問題時，公司也每

次都包庇他。直到我進公司之前，就已經有超過三個人奪門而出，並表示很討厭這種組長。

可是有一天，新的部長來了，還是個比組長年輕的人。兩人之間於是展開了微妙的心理戰。如今回想，會覺得他們超級幼稚，但當時有個插曲是這樣的：新的部長找大家一起在中午聚餐，順便跟大家打聲招呼的那天，他們兩人說了以下對話：

「部長，您大可不必擔心我們的工作，我已經把原本猶如荒地的工作系統全都建構好了。」

「又不是多了不起的工作，有誰不知道？請您彙報往後要進行的工作。」

「咦？是……」

「話說回來，我看創意發想多半是由年輕有創造力的人負責，可是金組長您不是有點年紀了嗎？」

聽到這種對話後，我差點被喉頭的食物嗆到。說到Outback

的黑糖蜜裸麥麵包和圖翁巴義大利麵，我不知道有多期待……一聽到中午要聚餐，我從前一天晚上就讓我的胃進入備戰狀態了。

為什麼不祥的預感總是這麼靈驗？之後組長只要狂請年假，部長就會利用上司的職權打回申請。這場驚險萬分的關係逐漸轉變為爭吵，在聚餐場合上喝得酩酊大醉的組長，脫口說出了讓人捏了把冷汗的話。

「喂！你幾歲啊？」

人呢，只要意識到自己的地位遭到威脅，就會變得嚴肅不安。每個人都有自己的價值觀，有時就會因此變得頑固不靈。事實上，公司沒有特別去干涉組長的行為，只是因為認為我們小組的業務不重要。我們的業務不僅對公司銷售量沒有太大的影響力，而且大部分都是一次就結束了，因此就算小組內經常起內鬨，公司也沒興趣去管。

和部長吵完架的隔天，組長表示自己要離職。可是，聽到組長的話後之後，卻沒人拉著他的褲管苦求他留下來。人事組做事效率之快，隔天就上傳了徵人訊息。組長和組員沒有

任何交談。平時跟隨組長做事的一票男性職員，在他和部長吵架的當天擺出一副「我什麼都不知道」的樣子，組長因此覺得自己慘遭背叛。

「我最短也要再待個一個月，因為最了解這裡系統和客戶的人是我，要交接給組員的工作也很多。」

原本氣焰囂張，一副馬上就要離職走人的組長，在確認徵人訊息之後，打了通電話給人事組。而這一次，公司也沒有如他所願，說出「拜託你留下來」的台詞。不知為何，他的樣子頓時和我以前質問劈腿的男友：「你真的要跟我分手嗎？」時的樣子重疊在一起。

組長上班的最後一天，其他組員都去出差了，所以辦公室就只剩我跟他。他可能是覺得要跟向來看不順眼的組員單獨吃飯很不自在，所以還沒十二點就先出去了。不久後，我好整以暇地來到公司餐廳，卻看到他一個人孤伶伶地再吃飯。我猶豫了一下，然後拿著餐盤在他面前坐了下來。他雖然瞬間露出詫異的表情，但很快地便默默地繼續吃飯。

「您最近很累吧？」

我不由自主地說了這句話。依他的脾氣，會不會把餐盤砸到我身上？我瞬間到了兩秒，不過他接下來的一番話，卻令我難以將口中的飯粒下嚥。

「河鑠，我本來以為工作只有我懂，結果卻不是這樣。我已經放手將近一個月了，可是整個小組卻運作得很好，沒人跑來問我工作，我覺得好像就只有我什麼都不懂。」

無論是專案成功與否、與同事分工合作，或是外界對公司的評價等，心中充滿對職場生活的懷疑，卻唯獨不懷疑自己，是一件非常危險的事。

♥ 整理今天的心情

有人曾經說過，

在大聲嚷嚷，說自己正與世界搏鬥的人之中，

有很多人並不知道，

其實他們是在與自己搏鬥。

第五章

不想去上班，
所以去接受
心理諮商

Chapter 1

我不OK

 他叫我星期一以前完成

星期五的下午,我正在修改一些企劃內容,光是做這項工作就已經忙不過來了,可是公司卻要求我再寫新的內容。我又得帶著工作回家了,到底已經是第幾個禮拜了!

「仗勢凌人也要適可而止吧!」

我走出辦公室,到超商買了一堆零食,在回來的路上把所有髒話都罵過一輪。換作是平常,這時我應該就消氣了,但

可能是我過度濫用髒話吧，從內心深處升起的那把不快的火卻不見控制，反而越燒越烈，導致我整個週末都在氣頭上。又不是第一次了，為什麼我會這麼生氣？

「那就離婚啊！」

最後，週末我為了小事跟老公吵架，一氣之下脫口說要跟他離婚，然後那天我們分房睡了。我獨自躺在床上，不斷想著他讓我失望、惹我生氣的事情，接著在凌晨進入了夢鄉。可是隔天睜開眼睛時，我無法理解的不是老公，而是我自己。說話也要有個分寸吧，我到底為什麼要說離婚這兩個字？

我們夫妻倆雖然都各自有些許不滿，但大致上關係算是和睦的。結婚五年了，還是很喜歡一起相處的時光。碰到問題時，每天把公司的事情帶回家的人是我，到底是覺得痛苦，還是在生氣，就連我也搞不懂自己的心。

我覺得自己好像回到了當時，所以害怕起來。

去年，也就是二〇一八年，我度過了一段很痛苦煎熬的時光，最大的原因就是公司。每個月，我都必須和一群無禮的

人處理超出負荷的工作量，屋漏偏逢連夜雨，又恰好和搬家的問題重疊，壓力於是造成了帶狀疱疹、恐慌障礙、掉髮等問題，我的身體狀態變得一蹋糊塗。

但我依然繼續工作，直到有一天必須跑外勤，我先在公司工作到中午，接著才離開公司。我在外勤地點工作到凌晨一點，在附近的飯店過夜，並在凌晨六點就起床。接著，我連吃飯的時間都沒有，又在現場工作到晚上七點。因為我經常必須與其他人對話，所以我盡可能不表現出疲憊的神色，並露出微笑，可是工作快結束時，我卻再也笑不出來了，原因就在於部長說的話。

「愚蠢的人認為工作很辛苦，卻沒想過要培養自己的能力以提高年薪。河鐄，妳說是不是啊？」

「妳該不會就想成為那種成天喊累的蠢蛋吧？」我用很扭曲的角度詮釋他的話，而忍耐多時的情緒也跟著瞬間爆發，甚至差點就脫口反問：「所以你口中的成功就只是這樣？」在我一時哽咽之際，部長已經失去了蹤影，似乎從一開始就沒打算聽我的回答。無處可去的憤怒，只好往八竿子打不著的地方發洩。

「你到底什麼時候才來？還不快來！」

「為什麼老是打電話來折磨我！」

我對著剛好打電話來的老公大吼，接著嚎啕大哭起來，儘管老公很慌張地問我到底發生了什麼事，我卻一時說不上來。我不想說：「最近工作很多，所以我很痛苦。」這份醜陋的憤怒令我羞愧，也覺得自己很悲慘。就連我都不知道事情究竟是從哪裡開始糾結的，又怎麼能要求老公幫我找到？

之後有好幾個月的時間，我都在憂鬱不安之中度過，但我卻哭不出來。等公車時，我感到頭暈目眩，在公車上時，我覺得噁心反胃。就這樣回到家之後，我靠泡麵等速食解決了一餐，然後躺在沙發上滑了一下手機，接著又坐在餐桌前工作。有時在辦公室時，我會感到呼吸困難，週末睡覺時會流冷汗，而星期一早上會出現頭痛症狀。

之後過了一年，我的情況好轉了。不，是我誤以為好轉了。我訂下了原則，包括生氣時會先做三次深呼吸，盡量不表現出情緒，還有拋下非得由我來做不可的強迫症等。這些原則起了作用，而且可能剛好天時地利人和，公司的工作也比先前少了許多，痛苦猶如沙粒般隨風消散了。

可是，等到工作量再次變多，加班的日子增加，我又開始覺得一切又變得像之前一樣亂七八糟，而且這次情況更糟了。雖然身心狀態都出現狀況，但工作造成的煎熬更甚。我覺得自己就像故障的機器，就連簡單的工作也無法完成，只要工作堆在一起，我就會噁心想吐。我陷入憂鬱不安，也逐漸彈性疲乏。

♥ 整理今天的心情

但是，這次我並不想逃避。

我決定正面突破，

正視我的情緒，

所以我預約了心理諮商。

Chapter 2

逐漸與爸爸相似
的女兒

 「接受心理諮商的期間，
我將不會做出自殘或自殺行為。」

接受心理諮商的第一天，我收到了一份宣誓書，上頭寫有
諮商期間必須遵守的事項。簽名之前，我看了一下內容，我
不該做的行為中還包括了自殘和自殺。我沒那麼嚴重耶，是
不是太早來了？還是我患了疑病症？加上心理諮商又是一個
月前申請的，所以情況和當時填寫的內容也不一樣。

在這段時間，我為了提離婚的事向老公道歉，對於不分日
夜或週末都要我工作的公司，也沒那麼憤怒了。此外，我也
比之前積極地把家務事和工作區分開來。面對時時刻刻的工

作，我不是在客廳，而是獨自在書房整理，偶爾也會到咖啡廳。儘管如此，也不是事事順心。

「我呢，有很深的焦慮感。我知道焦慮不會消失，也知道大家都會有這種情緒，我只是希望能稍微降低焦慮感，還有知道自己是什麼樣的人。」

「初衷很好，因為妳想追求的目標很具體。」
聽到我的期望後，心理師給了我這樣的回答。

進行正式的諮商之前，要先填寫一些內容。諮商師遞給我的兩張紙上頭印滿了未完成的句子，而我必須完成那個句子。好比說，碰到「當我感到憂鬱時」的句子，我就要即興寫下想到的內容並完成句子。

「當我感到憂鬱時，就會睡覺。」我毫不猶豫地寫好，然後馬上就碰到了讓我稍作停頓的句子。
「我覺得父親……」

我的腦中瞬間出現了幾個詞，同時也想到諮商師說：「不用想太久，把腦中浮現的念頭寫下來。」所以我就寫了：

「我覺得父親很可憐，看起來很孤單。」

「您寫說，覺得父親很可憐，看起來很孤單，那您和父親的關係如何呢？」

公司的壓力、焦慮感、自己變了個人，這些就已經夠令我混亂了，居然還扯到家人，我一時不知所措。

「很親暱，因為喜好很相似。」
「從小就和父親很親暱嗎？」
「喔，沒有，這倒不是，是從二十歲開始。」

「二十歲？當時是有什麼特別的契機嗎？」
我該從哪裡開始說起，還有說到什麼程度？

「對，因為當時我和爸爸兩人住了一年左右。」

心理師問這個問題，應該是有原因的吧？我說出了過去鮮少向他人提起的故事。

二十歲時，爸爸的事業碰上了危機。夫妻離婚最大的原因之一是「經濟困難」，而我也親眼目睹了這個過程。父母每天爭執不斷，當時哥哥去當兵，所以能勸架的人就只有我。爸媽指責彼此、互相對罵，有時還會摔壞東西。在經濟困窘之前，父母的關係和睦，我完全沒想到他們會憎恨彼此。

在這過程中，隱藏多時的祕密也被揭露，就是爸爸沒有父母的事。我長久以來稱呼爺爺、奶奶的人，其實是爸爸的伯伯和伯母。爸爸的親生父親在他兒時過世了，而親生母親再婚的同時，也拋棄了兒子。

這時，拼圖碎片才拼湊完整。我明白了由一對慈祥的父母養大的爸爸，為何臉上總是充滿陰影；爸爸明明自己就很木訥寡言，卻對我們說：「你們要好好孝敬爺爺、奶奶，世界上沒有像他們這麼好的人了。」還有，當外婆跑來我們家說：「我女兒的人生更重要」時，爸爸卻不甘示弱地頂嘴等，這一切都是有原因的。

眼見夫妻關係回不去了，媽媽於是回到了娘家。這並不是誰的錯，也沒有哪一方錯得更多，但我卻覺得爸爸更可憐。在工作與家庭都陷入膠著時，爸爸的身邊就只有我。雖然二十歲就已經是成年人了，但對父母來說，子女永遠都只是個孩子。當父母生病時，他們就會為沒辦法為子女做什麼而心生愧疚。

在我們賣掉房子，搬到月租公寓的那天，我們整理完行李之後，便到外頭吃晚餐。儘管新的社區也有很多餐廳，我們卻特地跑到高速公路的休息站吃飯。我點了泡麵，爸爸點了

烏龍麵，我們默默地吃完自己那碗麵，接著又驅車在高速公路奔馳。回家的路上，爸爸就只說一句話。

「妳別擔心，以後爸爸會幫妳準備早餐和晚餐。」

那天晚上，我聽見客廳響起細微的腳步聲。直到天亮之前，爸爸都蹲在陽台上抽菸，而身為女兒的我則是整晚翻來覆去，睡不著覺。搬到月租公寓的隔天，爸爸和我面對面坐著，眼前擺著一鍋辣椒醬火鍋。爸爸煮的火鍋放了滿滿的辣椒醬和砂糖，第一口吃下時很甜，最後則是在嘴巴留下乾澀的味道。可是，我卻比平常吃了更多的米飯。

爸爸遵守了約定，每天都做飯給我吃，而我雖然沒有跟爸爸約定什麼，可是每一次都吃得很香。我們一起去爬山，一起吃宵夜，也一起看電影，不過，這並不代表我們父女倆之間會天南地北地聊天。我們不知道該為對方做什麼，爸爸只是默默地守護著女兒，而女兒也默默地守護著爸爸。

「妳和爸爸之間有著很特別的記憶呢。」

說完這段往事後，雖然胸口悶得發慌，眼淚卻沒有掉下來。這是一份令人心痛卻說不出口的記憶。一年後，媽媽回

來了，而雖然家境並沒有好轉，但我們一家人就像從前般一起生活。和爸爸兩人一起生活的日子就只有那一年，而爸爸在那段時間過得很辛苦。為了獨一無二的女兒，他隱藏了自己的孤單與不安，只是爸爸努力隱藏的情緒，女兒卻從頭到尾都看在了眼裡。

　　爸爸那份無可奈何的孤單與不安，深深地滲入了我的人生。聽說女兒的人生會與媽媽相似，但我卻像爸爸一樣，過起就算再辛苦也無法放棄的人生。那些冷不防冒出來，令我痛苦不堪的粗暴情緒，或許就是因為我想要效法比我強悍的爸爸，才會造成副作用吧。

❤ **整理今天的心情**

　　最不成熟的防禦機制就是「否認」，

　　所以如今我試著去承認，

　　我那費力勞心的人生、黝黑的皮膚，

　　以及圓滾滾的嬌小體型，

　　都與爸爸如出一轍。

Chapter 3

人們懷抱
不安生活的素顏

 第二次心理諮商時，
我提到了許多次「冷漠」與「冷冰冰」。

「聚會上認識的姐姐說我很冷漠。我認為自己算是聒噪也很愛笑，所以不懂那句話是什麼意思。」

「媽媽每次都說我冷冰冰的，可是我就算再忙也都會答應媽媽的請求，我只不過沒辦法好聲好氣地回答罷了。」

「公司？在我看來，我的言行舉止還滿有禮貌的，但後來從別人口中輾轉聽到，有個一起共事超過三年的負責人說我很冷漠。」

這是所有身邊的人對我的評價，有個朋友甚至對我說：「妳是個喜惡分明的人」，說我講話時很直率有趣，但不說話時，我露出的表情正好是容易招來誤會的類型。

　　「妳曾經思考過其中原因嗎？」

　　聽完之後，心理師問我。我雖然大致有猜到原因，但很難解釋清楚。

　　「嗯……就算在外頭玩得很開心，我也會突然變得很焦躁不安。不是有那種情況嗎？突然想到家裡的瓦斯有關好嗎？明天能完成企劃案嗎？要是時間太晚，得搭計程車回家，這樣安全嗎？腦中浮現各種擔憂，於是注意力難以集中。」

　　「為什麼會這樣呢？」

　　「不知道耶。強迫症？壓迫感？我的心中好像一直都有類似的情緒。不過，這好像是一種利息，因為我沒辦法更認真，沒辦法完成更多事所產生的利息。因為我沒辦法償還利息，所以它如雪球般越滾越大？」

　　「妳要向誰償還這些利息？」

「什麼?」

「妳感受到的強迫症與壓迫感,還有償還的利息是為了誰?應該不是身邊那些說妳很冷漠的人才對。」

「……」

「這些都是為了妳自己,但為什麼妳對自己的痛苦卻這麼遲鈍呢?」我一時不知該如何作答。

就像所有上班族一樣,我也在工作上經歷了無數次截稿期限。我這不是在炫耀,但我從來都沒有遲交過稿子,即便是看似不可能的行程,我最後也都順利消化完了。我總是準時交稿,每次都逼自己,只要去做就對了。我把自己榨乾之後,遵守了所有約定與截稿期限。可是,為什麼我現在卻覺得對自己的人生欠下了可觀的利息?我明明把該做的事情都做完了,卻為什麼會做出自己沒有認真生活的結論?

與心理師對話的過程中,我隱隱約約有了領悟:就是因為我一忍再忍,才會沒辦法即時察覺身體的病痛,而我的遲鈍,已經到了不見棺材不掉淚的程度。

我突然想起了不久前的事。

午餐時間，我去了牙科一趟，因為接受牙齒治療，口腔右半邊處於麻醉狀態。醫師交代，盡可能等麻醉退了再進食。午休時間是一小時，結束治療後，我在半小時內回到了公司。咕嚕嚕，當下正是肚子餓到不行的時候，我用手按壓沒有知覺的半張臉，陷入了苦惱。我試著假裝咀嚼，雖然沒有任何知覺，但我下了結論——嘴巴可以順利咀嚼，加上左半邊仍有味覺，所以可以嘗到食物的味道。事實上，醫生並沒有說「絕對」兩個字，只是說「盡可能」而已，所以也不是叫我完全不要進食。

餐廳菜單有培根、綠豆煎和海帶湯。拿起湯匙前，我再次以強大的摩擦力確認上下排牙齒的狀態。喀喀、喀喀，嘴巴發出了輕快結實的聲響，看來我應該能好好享用培根、白米飯與泡菜這個夢幻組合。

我坐在牆上掛著鏡子的座位上吃飯，喝海帶湯時，我的右半側嘴巴就像被打破的水缸般不停有湯水滲出，我卻感覺不到熱呼呼的湯水流到了下巴。但是，味覺正常的左半邊依然可以嚐到海帶湯的美味。接下來是培根。我用比平常更重的力道不斷咀嚼著，可是右半邊齒縫間的培根卻怎麼都咬不斷，於是我咬得更用力，接著全身起了雞皮疙瘩，因為左半邊嚐到了血的味道。我有種不祥的預感，於是轉頭望向鏡

子，把下唇往外翻開，發現右半邊的嘴巴破了洞，不停流出血來。因為感覺不到疼痛，所以我把自己的右頰內側當成培根在咬，而且還咬得非常用力。

我沒辦法再吃下去，而且開始擔心麻醉藥效退了之後，疼痛感可能會加劇。我不禁心想，感覺不到疼痛原來這麼可怕啊。唯有見血才知道回頭檢視自己，這件事說有多恐怖就有多恐怖。

就像我咬破了右頰內側後血流不止，卻感覺不到疼痛般，我也看不到自己一忍再忍，忽略身體的輕微病痛和心理痛苦後造成的結果，可是，別人卻看得一清二楚。我帶著一張冷漠的臉孔，讓許多人看到了我不懂得愛惜自己的真實樣貌，我卻不知道這有多愚蠢。

「老公，我今天才知道，自愛與自尊感好像是不成正比的。」

「我不是說過嗎？和妳的自愛程度相比，妳的自尊感太低了，所以我才會老是擔心妳。」

結束第二次心理諮商後，我又打了電話給老公。

他是近幾年最常看到我的真實面貌的人，之前當我說自己快累死時，老公每天早上都會叫醒我之後才去上班。後來我問老公為什麼要這樣做，他卻打馬虎眼說：「我想知道妳還是不是活著。」當時我聽了還忍不住哈哈大笑，但現在仔細想想，也許他是代替老婆察覺到她的痛苦。

❤ 整理今天的心情

我感到很愧疚，不管是對老公，或是對自己，

還有，我也對被我當成培根咀嚼的右頰內側很愧疚。

Chapter 4

是啊，別笑了，
就哭吧

 「在公司時，妳曾為了人際關係而感到痛苦嗎？」

「很常啊，像是碰到跟我合不來的主管，莫名互相牽制的同事，也有討厭我的下屬。不過，反正每個人都會碰到這種事嘛，哈哈哈。」

「但妳有發現嗎？當妳講到讓自己不自在的記憶時，會刻意笑得很開心。當妳第一次提到父親時，也看起來像是要哭，又像是在笑。」

「我有嗎？」

「對，所以可能對妳來說，就算覺得痛苦，也不會在其他人面前表現出來。因為妳越痛苦，就會笑得越開心，也更會開玩笑。」

「喔，對。」

「抽離情緒和裝作沒事、壓抑情緒是不同的問題。」

「那個，因為如果不這樣做，原本就只剩下一丁點大的自尊心，還是叫自尊感，就好像會全部消失不見。」

「為什麼妳會這樣認為？之前有發生什麼事情或契機嗎？」

十多年前，我任職的公司有個我很喜歡的部長，但不是只有我，大部分員工都很聽從部長的指示，甚至年輕一輩的員工下班聚會時，也都會避開其他主管，只邀請部長參加。

部長如此受歡迎的祕訣，就在於包容力和親和力。當新人失誤時，部長雖然免不了會數落一番，但也會袒護新人。還有，就算這件事會對部長造成不利，他也不會情緒性地對下屬發飆。除此之外，在工作方面，部長也有許多值得學習之處。從過去到現在，我都是依照從部長的身上學到的在寫文章。就這點來說，他是一位好主管，也是很棒的前輩。

可是，高層和公司代表不喜歡這種員工，他們必須控制

員工，而部長則成了他們的眼中釘。這點從部長總是說公道話，也很講人情味，可是他的人事考核卻始終不理想就可看出端倪。部長是個能力出眾的領導者，但對領導者的上級來說卻不是如此。結果，部長被調到地方城市。話說得好聽一點是調職，公司把部長調到鳥不生蛋的地方，卻不給他任何工作。實際上是已經逼近離職的狀態了。所有員工都很遺憾，卻沒人站出來說什麼。那是我初次體會到所謂公司的威嚴，也同時領悟到部長過去在工作時鼓起了多大的勇氣。

那時我決定要離職，因為我想讓疲憊不堪的身心稍作休息。休息沒多久，我開始重新找工作，這時公司的前輩跟我聯繫。

「河鏤，妳過得還好嗎？那個……我有件事想拜託妳……」

我很吃驚，前輩的請求是要我做證人，據說和公司的關係走向決裂的部長正在準備打官司，包括過去部長遭受什麼樣的不當待遇，還有公司如何逼迫部長離職等都需要證據。前輩說，大家都很想助部長一臂之力，但大家都隸屬於公司，擔心工作會因此不保而猶豫不決。前輩還補充說，自己是經過一番苦惱，最後才打電話給我。

「對不起，前輩，我可能沒辦法。」

我拒絕了。這個圈子很小，雖然我離職了，但我還沒離開業界。離開公司的我，也跟待在公司的前輩們一樣害怕。不，我害怕的是公司。

那天晚上，我怎樣都睡不著，睜眼直到天明。我沒有幫助在我遇到困難時溫暖袒護我的人，也許往後我會一直選擇當個卑鄙的人。事過境遷，這種罪惡感也會消失的。經過長時間的苦思，我做好了被憎恨的覺悟，按下了部長的電話號碼。

「部長，對不起，我沒辦法幫助您。」

就算被埋怨，就算部長對我破口大罵，我都打算緊閉雙眼，不斷地向他道歉。

「哈哈哈，河鐐，沒關係、沒關係，該道歉的是別人，為什麼是妳來向我道歉呢？話說回來，妳的身體怎麼樣？過得還好嗎？」

部長非但沒有埋怨我，反而還問我好不好，他沒有罵我，

反而事先擔心我的身體狀況。他還說，人生本來就會碰上各種事，要我不必擔心，從頭到尾聲音都充滿活力，甚至還參雜著笑意。

不久後，部長在與公司的官司之中敗訴了。我沒有打電話給部長。要是我打電話給部長，他肯定又會笑著說沒關係。部長好不容易才用笑容守住他的自尊心和自尊感，我不想在那上頭灑鹽，這是我對出社會後最尊敬的前輩的禮儀。

經過十多年的現在，我忍不住想，假如當時部長乾脆說對我很失望，那會變成什麼樣子呢？假如他跟我說的不是「不需要擔心」，而是「這是我人生中最大的事件」，那又會怎麼樣呢？倘若如此，想必當年那件事就不會成為彷彿卡在喉頭上的魚刺般的記憶了。還有，也許我會少花百分之0.000001的努力，試圖把悲劇變為喜劇。

情緒即是反應，碰到不合理的待遇時，當自己受委屈時，感到憤怒、露出生氣的表情，就是一種情緒反應。還有，要用何種方式表現我的情緒，決定權在我手中，即便那是負面情緒也一樣。可是，我們從小就被教導，唯有忍耐、隱藏負面情緒才叫做成熟的大人，才算是專業人士，卻不曾去思考要根據情況選擇做出反應。

但是，抽離情緒和忍耐是不同的問題。下班後，切斷令我痛苦的職場生活所帶來的負面情緒，把注意力放在我的日常生活，這是抽離情緒。還有，公司搬出「續約」的說法當誘餌，指示超出負荷的工作量，而我卻一聲不吭地照做，這是在隱忍情緒。只有我，能對我的情緒提出疑問——我所忍耐的情緒，會不會導致我不幸？把造成自己不幸的情緒強壓在身上是很危險的，因為，彷彿被捏得稀巴爛後丟到某處的情緒，往後會無預警地成為查封人生的紅色封條。

結束第三次心理諮商後，我在回家的路上下定決心，與倒胃口的總公司負責人說話時，就不要硬擠出笑容了吧，就算他先露出笑容，我也絕對不要跟著笑。

♥ 整理今天的心情

因為想哭的時候就哭，
不想笑的時候就不笑，
是我和內心溝通的方法。

Chapter 5

還沒體驗過不幸，
就代表還沒獲得幸福

 「以前都不會這樣，
但最近就算在公司無事可做時，我也會假裝工作。」

工作並不是一直都很忙，有時到辦公室上班後，卻發現沒什麼事可做。像是前一天完成專案，主管或總公司負責人到國外長期出差，或是工作進行得不順利的時候。

「會不會是妳到現在還覺得公司很可怕？」

「什麼？」

「上週妳不是說公司很可怕，所以沒辦法幫助部長打官司，心情就像是有魚刺長時間卡在喉頭嗎？」

「因為以前我很有自信，覺得就算辭掉工作，無論如何都有辦法維生，可是最近卻充滿了『要是辭掉工作，之後要怎麼活下去？』的念頭，所以很茫然不安。」

「妳辭掉工作之後會怎麼樣？」

「從雙薪變成單薪，收入也會減半，所以就會擔心錢的問題囉。現在出身平凡的土湯匙要靠單份薪水生活不容易嘛，人類的壽命越來越長，被公司炒魷魚卻變容易了，有各種事情要煩惱，所以就會陷入不安。」

「不安就會變得不幸嗎？」

「不安久了，不是就會變得不幸嗎？」

「所以妳會為尚未發生的事情不安，事情發生之前就變得不幸囉？」

「什麼？」

沒錯，我總是在不幸到來之前，率先變成不幸的人。

二十幾歲時，只要碰到準備考試或求職，還沒開始之前我就陷入不安。要是落選怎麼辦？要是做不到怎麼辦？我想像著各種尚未發生的壞事，整個人變得有氣無力。如果碰到恰好與想像吻合的結果，我就會把事先安裝的不幸當成手榴彈取出，自行引爆。不過，當時的狀況並不算太糟，因為我的擔憂很多時候都沒發生，事情也進行得很順利。

直到幾年前，這種症狀才加劇。我在一家外商企業擔任派遣職務。這家公司簽約是以一年為單位，而我已經簽約四次，在這裡工作超過四年。我在工作的期間一直處於低潮，沒辦法再像以前那樣，有一點成績就欣喜若狂地跳來跳去。勞方與資方的關係明確，總公司和派遣人員的界線分明，但工作量卻是無限吃到飽。那是一個很有成就感，但會有各種情緒來來去去的工作環境。

其中，覺得公司「卑鄙」是我始終揮之不去的情緒。卑鄙這兩個字可能聽起來很模糊，但解釋起來就是這樣。每次要重新簽約時，原本給我的東西就會有一項不見。第二次簽約時，我的獎金沒了；第三次簽約時，教育支援費沒了，而第四次簽約後，員工優惠也沒了。直到不久前，公司再次提到

曾經說過的加班費和出差費。我在想，這可能是公司希望在第五次簽約時取得優勢所丟出的誘餌吧。除此之外，公司讓我了解到各式各樣的卑鄙做法。要是全部寫出來，可能會變成我的第一本著作《我是超級約聘員工》的續篇，所以我就忍下來了。

但就算是這樣，也不能全怪在公司的頭上。畢竟從二十幾歲經歷大大小小的失敗，面對公司讓人陷入憂鬱的卑鄙行徑，最後感到精疲力竭的人是我。仔細想想，最近我經常連不安的步驟都省下來了，有很多時候，我已經厭倦不安，直接就進入不幸的階段。

「河鏤小姐，妳知道不安不會消失，但希望能減少不安對吧？」

「對。」

「那麼不妨先全然地接受不安吧？不安就像是生病一段時日就會遠離的感冒。放任不安造成自己的不幸，這樣不是很委屈嗎？就好像自己得了感冒就先聯想到死亡一樣。」

最後一次的心理諮商結束了。

回家的路上，我事先設想無法和公司第五次簽約的情況。家裡只有老公賺錢，收入會縮水為一半，因此所有支出都必須減少。想必我會花上一段時間苦惱、徬徨自己該做什麼工作，但無論怎麼樣，我都能活下去。不過就這樣而已。

演員姜河那曾在電視節目《人生酒館》上談論幸福。他在某本書上讀到「過去只是謊言，而未來只是幻想」的字句，領悟到「我們能夠觸及的就只有現在」的這個道理，並做出了結論：

「假如我現在並不覺得不幸，不就代表現在是最幸福的嗎？」

♥ **整理今天的心情**

接受我體內的恐懼與不安，

或許能替我找回，

我所錯失的無數幸福。

Chapter 6

自己走進諮商室後的
實際心得

 「我打算接受心理諮商。」

　　沒有人問我，也沒人建議我，接受心理諮商是我做出的決定，也是我先把決定接受心理諮商的事告訴身邊的人。要是他們把我當成奇怪的人，那該怎麼辦？過去在苦惱該不該接受諮商時，我也曾擔憂過這種事，可是等到自己都已身心俱疲時，我不禁心想，他人的眼光有什麼重要的？

　　實際說出我在接受心理諮商的事後，果然就如我先前的擔憂，有人用微妙的眼神盯著我，但更多的人是這種反應：

　　「真的喔？那妳去了之後，看怎麼樣再跟我說。」

所以我針對過去聽到的眾多問題，在此整理了幾項回答。

Q.心理諮商不會很貴嗎？

A.費用是以五十分鐘為基準，一次從五萬到十五萬韓元。我最擔心的也是費用，還有要選擇哪家心理諮商所也不容易。大家也知道，最近沒辦法只靠上網搜尋資料就相信嘛，後來朋友推薦他去的心理諮商所給我。那是個專家貢獻自身才能，可以接受免費諮商的地方。因為距離我家滿遠的，所以只能週末前往，但我仍相信朋友的推薦，決定找那家心理諮商所。六週共十二次，每一次去都是進行兩次，各五十分鐘。因為有一週跟家人去旅行，所以五週一共接受了十次心理諮商。

Q.有接受藥物治療嗎？

A.藥物治療是在精神科接受醫師診斷後，去領處方服用的，但我是希望透過說出自己面臨的問題，找出癥結點和解決方針，所以求助於心理諮商。

Q.不過，諮商時，不是連不想說的事都必須說出來嗎？

A.那是視個人選擇。不過，在不想說出的事情中，可能會有能解決內心問題的線索，所以我雖然沒有全盤托出，但也講了不少。啊，心理諮商師就和律師差不多，不能

把諮商時聽到的內容外流，也就是說祕密不會被洩漏出去。

Q.所以，接受諮商之後，情況有好轉一些嗎？

A.嗯，好像有好一點。因為諮商師會傾聽我的故事，給予共鳴，而且可以輕易地說出無法向外人道的事情，然後就會想起遺忘多時的記憶，這樣就能以截然不同的方向去看待目前的問題。

不過，這畢竟是我個人的經驗，有些人接受諮商的次數越多，就越感到不快、煩躁。雖然我不太清楚，但心理諮商師和個案之間的頻率似乎也要契合才行。

Q.不然我也去接受心理諮商？

A.如果腦中閃過「不然我也試試看？」的念頭，那就可以考慮一下。在韓國，大家會把身體生病時接受治療視為理所當然，但至今對於內心生病時接受治療卻感到很彆扭，周圍的視線也不是很友善。不過，就像身體生病時，內心也會跟著生病，反之亦然。因此，當內心生病時，也不要一味忍耐。

Q.接受心理諮商後，職場的生活變得如何？

A.我在工作上認識了一個叫做智旻的人。智旻平時總是把

「我要看到公司換代表之後再離職」當成口頭禪。公司代表的風評不太好，銷售量下跌，加上代表的合約是一年或兩年就會更新，所以這件事看起來不無可能。但最後先離職的人卻是智旻，因為各種壓力導致他食不下嚥。在他離職時，他身上的皮肉就像是勉強才黏在骨頭上似的，整個人瘦得像根竹竿。我在接受諮商時想起了他的模樣。我心想，看來公司不可能比我先做出改變，畢竟壞的公司就是冥頑不靈講不聽。接受諮商的同時，我發現自己也像智旻一樣，懷抱著「給我走著瞧」的心態在上班，但同時卻又把不安的未來寄託在壞的公司上頭。最近我很努力避免把心思放在公司，因為這很浪費我的時間精力，還有，我也會在下班後試著尋找有意義的事來做。

Q.那妳現在應該不必接受心理諮商了？

A.不，這很難說，我可能再次感到痛苦，也可能突然發生意想不到的事，於是跳過心理諮商，直接求助於精神科。只不過最近的心情自在多了，還有往後我再也不會對內心生病視而不見。現在我會把內心的狀態當成身體症狀仔細觀察。

♥ **整理今天的心情**

接受心理諮商或求助於精神科之前，

你可能會覺得內心有障礙，

但只要去了就知道，

相較於為了抵擋空氣中的懸浮微粒，

因此戴上專用口罩，把呼吸器官包得密不通風，

還有為了避免在下暴雪後的隔天滑倒時跌個狗吃屎，

因此不得不身穿貼身套裝，腳下卻踩著一雙登山鞋的狀況，

決定求助於專家，好讓自己能用健康的心態度過一天，

是多麼容易的一件事。

Chapter 7

家和萬事興？

 「不過，妳還是要替老公準備早餐，
畢竟家和才會萬事興。」

朋友經歷第一次夫妻吵架後，婆婆對她嘮叨了兩句。明明婆婆之前就說，「如果妳和這小子吵架，就打電話給我，我會幫妳狠狠修理他。」朋友誤以為自己有了堅實後盾，因此真的打了電話，得到的回答卻是要她替老公準備早餐，好讓老公能放心在外頭工作。

事實上，家和萬事興這句話不只適用於男人，也適用於現代多數職業婦女身上。有位女性科長就為了小事和老公吵

架，兩人超過一個月分房睡，但就在和老公和好的那一天，科長的腦中靈感乍現。還有一位女性後輩，每天都在最後一刻驚險抵達辦公室，被其他人投以白眼，但就在她戰勝老公堅持要在早上吃米飯的固執，把早餐改成麥片之後，上班的時間也跟著提早了。

家務事也對我的職場生活造成了影響。和老公大吵一架後，隔天因為力氣都被消耗光了，所以工作速度變慢，又或者平常我都會無視主管越線的玩笑話，這時卻會做出尖銳的反應。有一次，我和老公為了生孩子的問題吵架，可是隔天主管吃完午餐後，一邊用牙籤挑出卡在牙縫的辣椒粉，一邊說：

「妳現在就已經是高齡產婦了，還不趕快生，少了孩子，夫妻之間走不遠的。」

我的回答，也跟卡在他的門牙上的辣椒粉一樣讓人不太爽快。

「可是，我生下孩子之後，組長您要替我養嗎？」

我和組長為了這件事，彼此尷尬了好一陣子，但我覺得無所謂，頂多組長工作分配得很不平均，讓我很受困擾罷了。

最近有很多公司會設立員工心理諮商室，據說為了家庭關係不合，跑去那裡大吐苦水的人，不亞於抱怨工作壓力的人。不久前，老公的公司也舉辦了關於夫妻溝通的線上講座。我本來以為我們夫妻倆不像新婚初期，現在的關係已經很穩定，但老公卻很高興地說我們很需要這場講座。

舉辦講座的那天，老公在公司，而我則是在家裡用筆電各自連線。正式上課之前，聽眾可以透過幾個問答得知自己屬於何種依附類型。結果很讓人意外，我們兩個都是「安全型依附（Secure Attachment）」。「安全型依附」和焦慮型、逃避型、紊亂型不同，在人際關係上格外游刃有餘。因此，在夫妻關係上也表現出卓越的溝通能力。我完全無法相信。奇怪，那過去血流成河的吵架都是打哪來的？

就連上課的心理諮商師都說，要盡可能成為「安全型依附」的類型，很快的，我對課程的興致就徹底冷卻了。聽到「夫妻關係中最重要的是什麼呢？」後頭接的是「就是溝通」時，我真的很想蓋上筆電。最後，我傳了訊息給老公。「只要說是專家，就算是隔壁完全不管別人發生什麼事的大姊說出的老套建言，也都能拿來開課了呢，看來我也該去考個證照了。」老公的回答卻很認真，「遵守這老套建言的人又有幾個？就是要不斷地聽，把建言放在心上，然後去實踐它。」

說完各種依附類型的特徵和夫妻溝通的重要性後，接著提到了有關夫妻吵架的原則。都超過一小時了，才要進入正題啊。我調整好坐姿，取出筆和筆記本，再把筆拿在手上。請丟掉另一半必須填補我的需求和需要的期望。請抹去對婚姻的幻想。請認同自己無法改變對方。心理諮商師煞有其事地端出的原則，簡單來講就是這些，果然很像隔壁對我漠不關心的大姊會說出的建言。

「那麼，現在來接受提問。」

講座終於結束，來到了問答時間。原先一片靜默的對話視窗出現了一句話。我本來在分心做其他事，看到問題之後，忍不住睜大了眼睛。

「老師您和老公都有遵守這些原則嗎？」

看來不是只有我覺得「用說的都很容易」。講師雖對理論如數家珍，卻不是個能言善辯之人。只見她微微皺起眉頭，一時慌了手腳。她思考了一下，給了這樣的回答：

「目前談到的夫妻衝突案例，大部分都是在說我自己。」

講師坦率地吐露，自己如此認真鑽研心理學，或許就是因為

老公的緣故。她本來以為自己和老公住了二十多年，現在已經理解對方，也接受對方原本的樣子了，並對此深信不疑，可是又會突然發火，討厭起老公。事實上，所謂的依附類型，在公司和家庭中可能會有不同的傾向，這表示某個人可能在公司是安全型，但只有在家中是逃避型。講師補充道，因為無法單靠一次測驗就確定自己是什麼樣的人，因此與親近的人之間發生衝突、化解時，就更需要多方面的努力。

有時，最了解反而是最危險的。我們之所以需要講師口中這些老套的吵架原則，或許就是因為這樣。家和才能萬事興，但就算外頭的事情不順遂，家裡也應該要和和氣氣才對。無論是夫妻之間，或是全家人。因為，當我透過工作獲得幸福時，我想分享的人不是公司，而是在我身邊的人。

♥ 整理今天的心情

課程的最後，對話視窗又出現另一個問題。
「您說夫妻要共同制定吵架的原則，
但我擔心約定條款會不會越寫越多？」
對此，講師並沒有做出任何回應，
但眼神卻是這麼說的：
「如果約定條款能讓彼此成為安全型依附，
那就得寫啊，不然怎麼辦？」

最終，週末也來了

「我最近住在紐約。」

　　最近有人問候我時，我就會這麼說。假如對方吃驚地反問，我就會說出「我是在過紐約的時間」這種無趣的回答，因為我並不完全是在開玩笑。我是真的依照與韓國有十三個小時時差的紐約時間在生活。其實依照遙遠的美國時間生活並不難，因為我只是在大家清醒的早晨入睡，在大家進入夢鄉的夜晚醒來而已。

　　我得以過紐約時間的契機即是離職。二〇一九年九月底，

我決定辭掉工作，當時我只要寫完結語，就能完成這本書的初稿。我會決定離職，並非一時興起，而是在工作環境的改變下不得不的選擇。寫稿時，我要大家有計畫性地離職，但我自己離職的時間卻比預定早了一年。因此，這本書原本的企畫概念是「克服星期一症候群去上班」的故事，後來卻改成了「離職前，克服星期一症候群去上班」的故事。果然無論是書、人生或工作，常常都是人算不如天算。

離職後的三週，我開始過起日夜顛倒的生活，而這一切都要怪感冒。我在最後一間公司任職四年半，算了一下，我在那段時間就只有感冒兩次，而且只要休息一天就沒事了。當時我並不知道，每個人患感冒的次數都有固定的分量。忍了好幾年的感冒一下子全部找上門，離職後，我在兩週內消化了四年份的感冒。到了第三週，我才勉強能夠外出，而進入第四週的現在，我把剩下六個月的感冒分量也一併病完了。我正在體驗生平第一次漫長又滾燙無比的感冒，所以只能以這個狀態寫完結語，畢竟我得想辦法盡快結束公司的話題。

扣除以自由工作者的身分在家工作的期間，到公司上班的時間大約九年，其中有兩年半，一天平均花一小時通勤，剩下的六年半，則是一天平均花三小時通勤。假設每個月平均上班二十二天，加起來大約就是五千五百個小時。把小時換

算成天數，光是往返公司的時間就花了兩百三十天。如果再加上工作時間、週末加班和出差的話呢？在這九年間，與公司毫不相干的時間會有多少呢？

說句老實話，星期一症候群對我造成的影響更勝於他人。雖然它造成我嚴重頭暈，但一方面也是因為我找不到工作的意義。因此對我來說，克服星期一症候群，就等於是尋找必須到公司上班的理由。我不會否認最關鍵的原因在於金錢，但在領錢的同時，必須面對的工作與人的問題也同樣無法忽視。在公司工作的期間，努力、成就、挫折和背叛都曾按季找上門來。此外，我就像在同一個地方品嚐了三十一種口味的冰淇淋般，遇見了各式各樣的人，包括假如我們是在別的地方認識，大概就不會變成死對頭的人；如果不是公司的話，大概一輩子都不會講上一句話，偶然建立起關係的人，還有即便身處宛如戰場的辦公室，卻仍拿出真心待我，令人感激的人等。

或許職場生活即是一齣電視劇——類型隨時都在改變，就連演員本人都無法得知接下來的劇情會是什麼，只能硬著頭皮演出的現場直播。

每天平均在公司拍十個小時的電視劇，我找到了什麼樣的

工作意義呢？老實說，就算體驗著猶如電視劇般的劇情，我依然找不到「意義」。若要進一步補充，就是我領悟到「尋找意義」根本「不具任何意義」。「意義」這個名詞總是很氣勢凌人，讓人不由得期待會有驚天動地的感動，好像不能沒有什麼特別之處，而且很需要某些偉大的體悟，但在公司上班並沒有為我帶來這種意義，它帶給我的，不過是一種機會罷了──讓我懷疑人生的珍貴機會。

　　我現在做得好不好？這樣做像我嗎？我的人生是按照我的期望在走嗎？明天會比今天更好嗎？這些懷疑令人恐懼，但懷疑對於成長與幸福的執著也很強烈。公司是讓我無止境地懷疑人生的原動力。帶著工作的意義與懷疑去上班之後，有些日子很幸福，有些時候很不幸，而大部分都是剛剛好。在這裡所說的「剛剛好」是指平安無事。儘管每個星期天晚上，我都會恐懼星期一的到來而翻來覆去，但等到真的去公司上班後，很多時候都能毫無痛苦地完成工作，順利下班。

　　最近我會在安靜的凌晨時分獨自觀賞電影或閱讀，多半都是以工作太累為由，因此擱放在一旁的作品。今天凌晨我看了電視劇《我的大叔》，主角東勳身不由己地被捲入了公司鬥爭，而這樣的他，在上班時辛苦地將自己的身體塞進捷運後，傳了訊息給出家後遠離俗世紛擾的朋友。

「我現在要拖著千斤萬斤重的身體，去我不想去的公司。」

接著，僧人朋友如此回覆：「你的身體頂多一百二十斤，千斤萬斤重的，是你的心。」

如今我也該放下千斤萬斤重的身體，從紐約時間恢復成韓國時間了。此時是早上八點，如果我沒有辭掉工作，現在差不多是搭公車去上班的時間。我這身頂多一百斤的身體，似乎還記得以上班族度過的九年、兩百三十天與五千五百個小時，因為即便我整個人在發燒頭暈，「星期一上午」這個理由仍能讓我文思泉湧。

又是星期一了，但願壞天氣能夠避開星期一。如果難以實現，只要避開上下班時間就好。但我希望，陽光能夠強烈到滲入世上的所有縫隙。但我這麼說，並不是因為希望所有上班族能夠帶著好心情上班，而是希望他們可以補充能避免陷入憂鬱症的維生素D。反正公司終究得去，帶著健康的身體去不是比較好嗎？

星期一終究還是來了，不過，週末也終究會到來。

小時候，當舅舅碰到工作不順遂，
被公司炒魷魚時，
外公就會對他說這麼一句話：

「曾經徹底被不幸打倒的傢伙，
才能徹底感受幸福。」

當年，我還只是一個小學生，
所以不懂外公的深意，
但舅舅卻彷彿獲得了莫大的安慰。
時光荏苒，我也來到了舅舅的年紀，
如今我能理解這句話，
而且每當想起時，心頭就能獲得撫慰。

因為歷經千山萬水之後，
就能更敏銳地察覺好事的到來。
職場生活亦是如此。
我學到了，所謂的職業，
就是到公司上班，和大家工作久了，
即便置身苦海，也不覺得苦了。

S 想到明天要上班就失眠

self-help 07

工作不必委屈，陪你決定人生下一步的共感對話

作　　者／李河鏤（이하루）
譯　　者／簡郁璇
封面設計／Himinndesign 劉佳旻
內文排版／關雅云
責任編輯／蕭歆儀

出　　版／境好出版事業有限公司
總 編 輯／黃文慧
主　　編／賴秉薇、蕭歆儀
行銷總監／吳孟蓉
會計行政／簡佩鈺
地　　址／10491 台北市中山區松江路 131-6 號 3 樓
粉 絲 團／https://www.facebook.com/JinghaoBOOK
電　　話／(02)2516-6892
傳　　真／(02)2516-6891

發　　行／采實文化事業股份有限公司
地　　址／10457 台北市中山區南京東路二段 95 號 9 樓
電　　話／(02)2511-9798 傳真：(02)2571-3298
電子信箱／acme@acmebook.com.tw
采實官網／www.acmebook.com.tw

法律顧問／第一國際法律事務所 余淑杏律師
定　　價／360 元
初版一刷／西元 2022 年 2 月
Printed in Taiwan
版權所有，未經同意不得重製、轉載、翻印

솔직히
출근 생각하면 잠이 안 오는 당신에게
(FOR YOU WHO CAN'T SLEEP WHEN THINKING ABOUT GOING TO WORK HONESTLY)

國家圖書館出版品預行編目 (CIP) 資料

想到明天要上班就失眠：工作不必委屈，陪
你決定人生下一步的共感對話 / 李河鏤著；簡
郁璇譯 . -- 初版 . -- 臺北市：境好出版事業有限
公司出版：采實文化事業股份有限公司發行,
2022.01
　面；　公分 . -- (Self-help)
ISBN 978-626-7087-09-1(平裝)
1.CST: 職場成功法 2.CST: 生活指導
494.35　　　　　　　　　　　110022266